Microsoft
MOS
Word 2016 Core

原廠國際認證應考指南
Exam 77-725

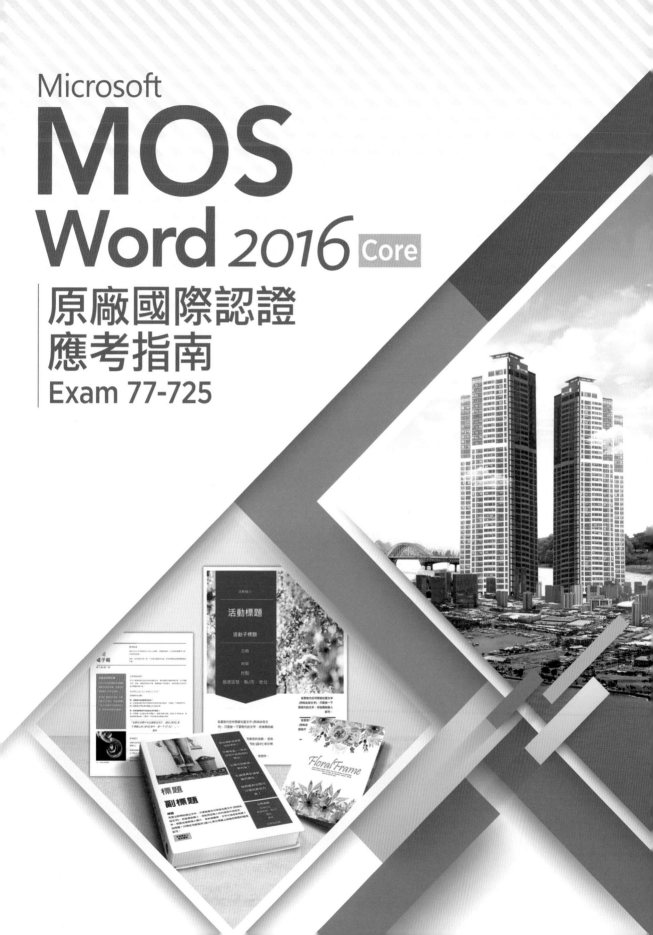

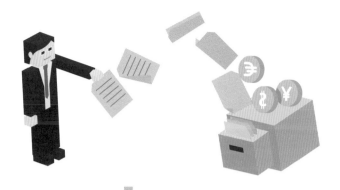

目錄
Contents

Chapter 02

格式化文字、段落和章節

Chapter 03

建立表格和清單

Chapter 04　建立與管理參照

Chapter 05　插入圖形元素並設定其格式

Chapter 06

模擬試題

Chapter 00 | 關於 Microsoft Office Specialist 認證

Microsoft Office 系列應用程式是全球最為普級的商務應用軟體，不論是 Word、Excel 還是 PowerPoint 都是家喻戶曉的軟體工具，也幾乎是學校、職場必備的軟體操作技能。因此，關於 Microsoft Office 的軟體能力認證也如雨後春筍地出現，受到各認證中心的重視。不過，Microsoft Office Specialist（MOS）認證才是 Microsoft 原廠唯一且向國人推薦的 Office 國際專業認證，對於展示多種工作與生活中其他活動的生產力都極具價值。取得 MOS 認證可證明有使用 Office 應用程式因應工作所需的能力，並具有重要的區隔性，證明個人對於 Microsoft Office 具有充分的專業知識及能力，讓 MOS 認證實現你 Office 的能力。

0-1 關於 Microsoft Office Specialist（MOS）認證

Microsoft Office Specialist 專業認證（簡稱 MOS），是 Microsoft 公司原廠唯一的 Office 應用程式專業認證，是全球認可的電腦商業應用程式技能標準。透過此認證可以證明電腦使用者的電腦專業能力，並於工作環境中受到肯定。即使是國際性的專業認證、英文證書，但是在試題上可以自由選擇語系，因此，在國內的 MOS 認證考試亦提供有正體中文化試題，只要通過 Microsoft 的認證考試，即頒發全球通用的國際性證書，取電腦專業能力的認證，以證明您個人在 Microsoft Office 應用程式領域具備充分且專業的知識知識與能力。

取得 Microsoft Office 國際性專業能力認證，除了肯定您在使用 Microsoft Office 各項應用軟體的專業能力外，亦可提昇您個人的競爭力、生產力與工作效率。在工作職場上更能獲得更多的工作機會、更好的升遷契機、更高的信任度與工作滿意讚。

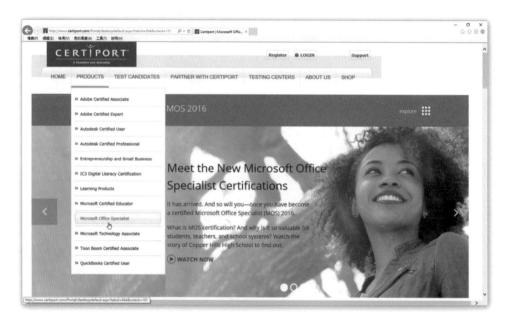

Certiport 是為全球最大考證中心，也是 Microsoft 唯一認可的國際專業認證單位，參加 MOS 的認證考試必須先到網站進行註冊。

0-2 MOS 認證系列

MOS 認證區分為標準級認證（Core）與專業級認證（Expert）兩大類型。

標準級認證（Core）

標準級認證（Core）是屬於基本的核心能力評量，可以測驗出對應用程式的基本實戰技能。根據不同的 Office 應用程式，共區分為以下幾個科目：

➤ Exam 77-725 Word 2016:

Core Document Creation, Collaboration and Communication

➤ Exam 77-727 Excel 2016:

Core Data Analysis, Manipulation, and Presentation

➤ Exam 77-729 PowerPoint 2016:

Core Presentation Design and Delivery Skills

➤ Exam 77-730 Access 2016:

Core Database Management, Manipulation, and Query Skills

➤ Exam 77-731 Outlook 2016:

Core Communication, Collaboration and Email Skills

上述每一個考科通過後，皆可以取得該考科的 MOS 國際性專業認證證書。

專業級認證（Expert）

專業級認證（Expert）是屬於 Word 和 Excel 這兩項應用程式的進階的專業能力評量，可以測驗出對 Word 和 Excel 等應用程式的專業實務技能和技術性的工作能力。共區分為：

➤ Exam 77-726 Word 2016 Expert:

Creating Documents for Effective Communication

➤ Exam 77-728 Excel 2016 Expert:

Interpreting Data for Insights

若通過 MOS Word 2016 Expert 考試，即可取得 MOS Word 2016 Expert 專業級認證證書；若通過 MOS Excel 2016 Expert 考試，即可取得 MOS Excel 2016 Expert 專業級認證證書。

大師級認證（Master）

MOS 大師級認證（MOS Master）與微軟在資訊技術領域的 MCSE 或 MCSD，或現行的 MCITP 或 MCPD 是同級的認證，代表持有認證的使用者對 Microsoft Office 有更深入的了解，亦能活用 Microsoft Office 各項成員應用程式執行各種工作，在技術上可以熟練地運用有效的功能進行 Office 應用程式的整合。因此，MOS 大師級認證的門檻較高，考生必須通過多項標準級與專業級考科的考試，才能取得 MOS 大師級認證。最新版本的 MOS Microsoft Office 2016 大師級認證的取得，必須通過下列三科必選科目：

➤ MOS: Microsoft Office Word 2016 Expert　　　（77-726）

➤ MOS: Microsoft Office Excel 2016 Expert　　　（77-728）

➤ MOS: Microsoft Office PowerPoint 2016　　　（77-729）

並再通過下列兩科目中的一科（任選其一）：

➤ MOS: Microsoft Office Access 2016（77-730）

➤ MOS: Microsoft Office Outlook 2016（77-731）

因此，您可以專注於所擅長、興趣、期望的技術領域與未來發展，選擇適合自己的正確途徑。

＊ 以上資訊公佈自 Certiport 官方網站。

MOS 2016 各項證照

MOS Word 2016 Core 標準級證照

MOS Word 2016 Expert 專業級證照

MOS Excel 2016 Core 標準級證照

MOS Excel 2016 Expert 專業級證照

MOS PowerPoint 2016 標準級證照

MOS Outlook 2016 標準級證照

MOS Access 2016 標準級證照

MOS Master 2016 大師級證照

0-3 證照考試流程與成績

考試流程

1. 考前準備：參考認證檢定參考書籍，考前衝刺～

2. 註冊：首次參加考試，必須登入 Certiport 網站（http://www.certiport.com）進行註冊。註冊參加 Microsoft MOS 認證考試。（註冊前準備好英文姓名資訊，應與護照上的中英文姓名相符，若尚未擁有護照或不知英文姓名拼字，可登入外交部網站查詢）。

3. 選擇考試中心付費參加考試。

4. 即測即評，可立即知悉分數與是否通過。

認證考試畫面說明（以 MOS Excel 2016 Core 為例）

MOS 認證考試使用的是最新版的 CONSOLE 8 系統，考生必須先到 Ceriport 網站申請帳號，在此系統便是透過 Ceriport 帳號登入進行考試：

啟動考試系統畫面，點選〔自修練習評量〕：

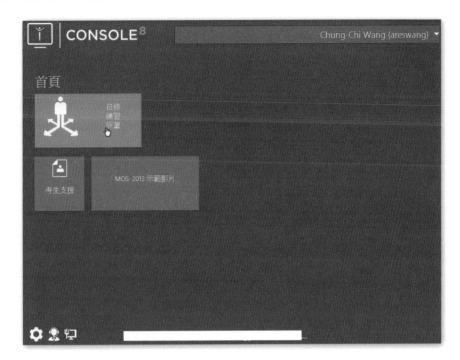

點選〔評量〕：

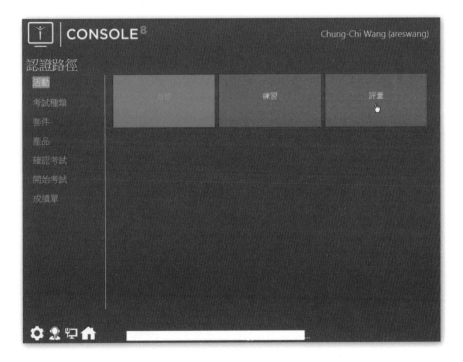

選擇要參加考試的種類為［Microsoft Office Specialist］：

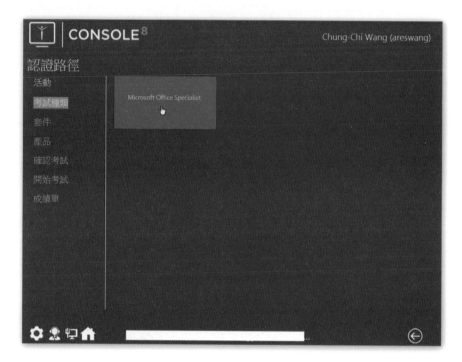

選擇要參加考試的版本為［2016］：

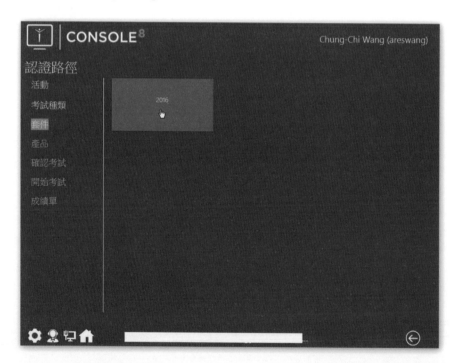

選擇要參加考試的科目，例如［Excel］：

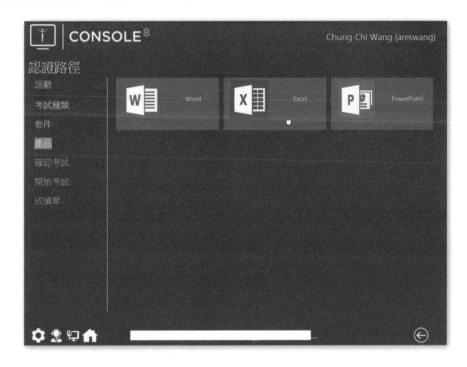

進行考試資訊的輸入，例如：郵件地址編輯（會自動套用註冊帳號裡的資訊）、考試群組、確認資訊。完成後，進行電子郵件信箱的驗證與閱讀並接受保密協議：

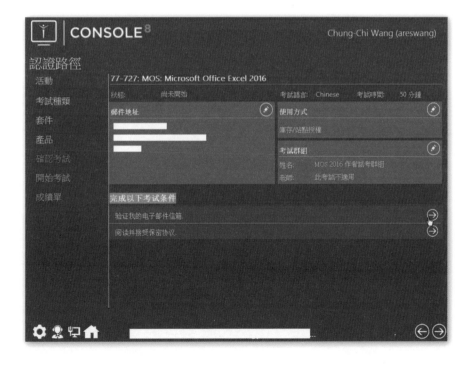

閱讀並接受保密協議畫面，務必點按［是，我接受］：

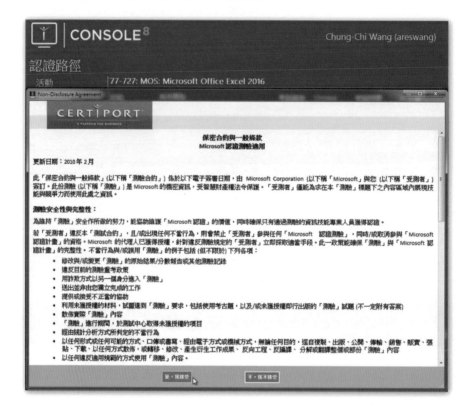

由考場人員協助，登入監考人員帳號密碼。

自動進行系統與硬體檢查，通過檢查即可開始考試：

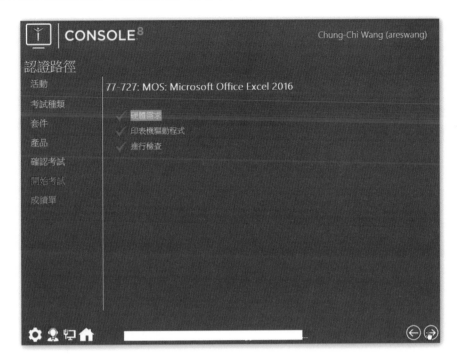

考試前會有 8 個認證測驗說明畫面：

首先，進行考試介面的講解：

考試是以專案情境的方式進行實作，在考試視窗的底部即呈現專案題目的各項要求任務（工作），以及操控按鈕：

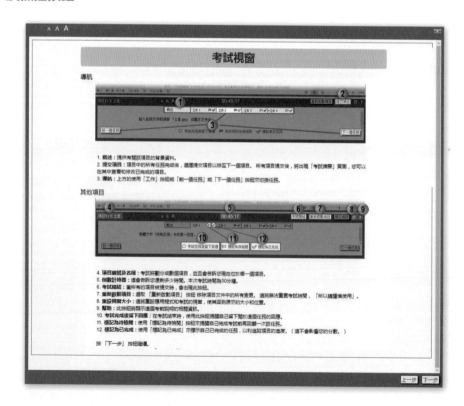

此外，也提供考試總結清單，會顯示已經完成或尚未完成（待檢閱）的任務（工作）清單：

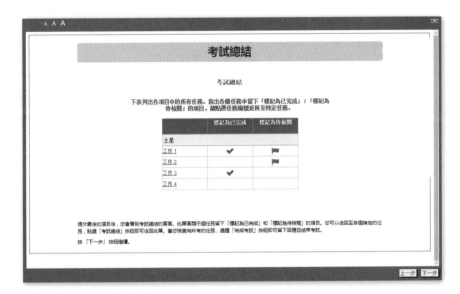

逐一看完認證測驗說明後，點按右下角的［下一步］按鈕，即可開始測驗，50 分鐘的考試時間在此開始計時。

現行的 MOS 2016 認證考試，是以情境式專案為導向，每一個專案包含了 5～7 項不等的任務（工作），也就是情境題目，要求考生一一進行實作。每一個考科的專案數量不一，例如：Excel 2016Core 有七個專案、Excel 2016 Expert 則有 5 個專案。畫面上方是應用程式與題目的操作畫面，下方則是題目視窗，顯示專案序號、名稱，以及專案概述，和專案裡的每一項必須完成的工作。

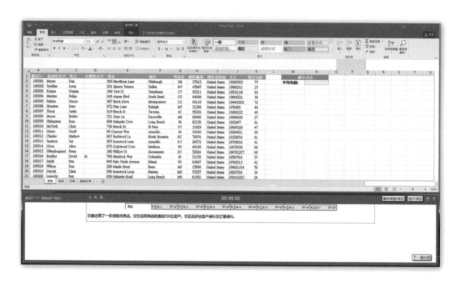

點按視窗下方的工作頁籤，即可看到該工作的要求內容：

完成一項工作要求的操作後，可以點按視窗下方的〔標記為已完成〕，若不確定操作是否正確或不會操作，可以點按〔標記為待檢閱〕。

整個專案的每一項工作都完成後，可以點按〔提交項目〕按鈕，若是點按〔重新啟動項目〕按鈕，則是整個專案重設，清除該專案裡的每一項結果，整個專案一切重新開始。

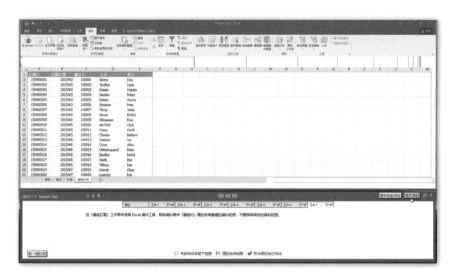

考試過程中，當所有的專案都已經提交後，畫面右下方會顯示［考試總結］按鈕可以顯示專案中的所有任務（工作）：

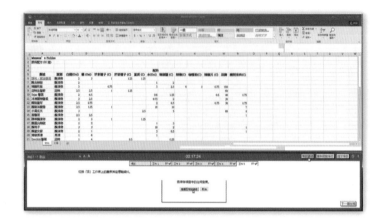

考生可以透過［考試總結］按鈕的點按，回顧所有已經完成或尚未完成的工作：

在考試總結清單裡可以點按任務編號的超連結，回到專案繼續進行該任務的作答與編輯：

最後，可以點按［考試完成後留下回應］，對這次的考試進行意見的回饋，若是點按［關閉考試］按鈕，即結束此次的考試。

這是留下意見回饋的視窗，可以點按［結束］按鈕：

此為即測即評系統，完成考試作答後即可立即知道成績。認證考試的滿分成績是 1000 分，及格分數是 700 分以上。

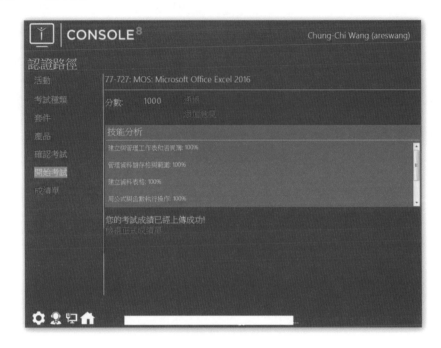

考後亦可登入 Certiport 網站，檢視、下載、列印您的成績報表或查詢與下載列印證書副本。

範本是建立文件的基本元素，透過空白範本或特定功能與用途的範本，可以建立各種不同需求的文件。而建立文件後，導覽文件及格式化文件更是編輯文件過程中，不可或缺的文件管理技巧。

1-1　建立文件

建立一份新文件的方式很多，您可以從空白本範本開始，自行輸入編輯文件；您也可以使用現成的範本檔案建立文件；甚至，您也可以匯入既有的文字檔案，開始文件編輯的旅程。

1-1-1　建立空白文件

剛啟動 Word 應用程式時，預設便是使用 Normal 範本建立新文件，而這份文件的預設檔案名稱為「文件 1」，在這張白紙上便可以開始進行文件的輸入與編輯。此外，在使用 Word 應用程式過程中，隨時可以透過以下步驟，建立空白文件：

Step.1
點按〔**檔案**〕索引標籤。

Step.2
進入後台管理頁面後，點按〔**新增**〕。

Step.3
選擇 [**空白文件**] 範本。

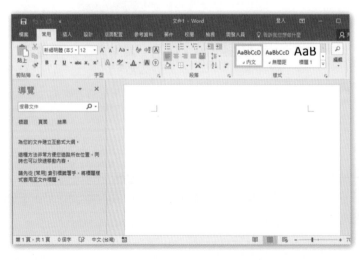

Step.4
立即呈現預設檔案名稱為文件 #（流水號）的空白文件。

1-1-2 使用範本建立空白文件

在啟動 Word 2016 應用程式時的啟始畫面便是範本的選擇頁面，提供各種不同目的與需求的範本文件讓使用者選用以輕鬆建立一份新文件。例如：我們可以搜尋與〔**履歷表**〕相關的範本，建立一個履歷表新文件檔案。

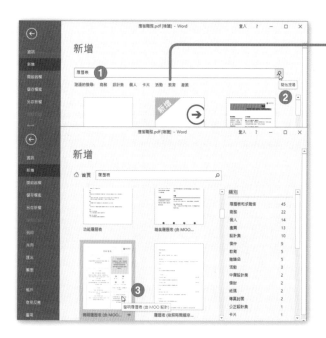

也可以根據各個範本的類別來選取所要使用的範本。

Step.1
在〔**新增**〕頁面的搜尋欄位裡輸入關鍵字「**履歷表**」。

Step.2
點按〔**開始搜尋**〕按鈕。

Step.3
尋獲與履歷表相關的各種文件範本。點選〔**簡明履歷表**〕範本。

Step.4
自動下載文件範本，顯示範本出處與說明，點按〔**建立**〕按鈕。

Step.5
使用現成的範本建立新文件，以彌補美工與設計能力的不足，也可以加速文件的建立，以及建立文件內容的標準化與一致性。

1-1-3 在 Word 中開啟 PDF 以供編輯

PDF 的文件格式是目前最普遍的共通性文件標準，因此，當您需要將完成的文件與他人分享，卻又不希望原稿文件遭他人剽竊、編修時，將分享的文件檔案儲存成 PDF 檔案格式，肯定是最安全也最簡易的解決方案。

➤ 儲存為 PDF 文件

Step.1　點按〔**檔案**〕索引標籤。

Step.2　進入後台管理頁面，點按〔**匯出**〕。

Step.3　在〔**匯出**〕頁面即可點按〔**建立 PDF/XPS 文件**〕功能選項。

Step.4　點按〔**建立 PDF/XPS**〕按鈕，建立 PDF 文件。

在 Word 2016 的操作環境中，您不但可以將 DOC 或 DOCX 文件直接儲存成 PDF 檔案格式，Word 2016 也已經具備了編輯 PDF 檔案的能力，可以直接開啟 PDF 檔案進行編輯喔！以下是 Adobe Reader 開啟的 PDF 文件：

Step.1

點按〔**檔案**〕索引標籤。

Step.2

進入後台管理頁面，點按〔**開啟舊檔**〕。

Step.3

點按〔**瀏覽**〕。

Step.4

開啟〔**開啟舊檔**〕對話方塊，選擇檔案類型為 PDF Files。

Step.5

選擇想要開啟的 PDF 文件。

Step.6

點按〔**開啟**〕按鈕。

Step.7

顯示轉換 PDF 文件的訊息對話時，點按〔**確定**〕按鈕。

Step.8

在 Word 環境下編輯轉換成功的 PDF 文件。

1-1-4 插入來自檔案或外部來源的文字 (*)

對於既有的 Word 文件，甚至純文字檔案，使用者可以透過匯入文字檔案的操作，將其匯入目前的文件中，進行彙整與編輯，以免去檔案開開關關、剪剪貼貼的不便。例如，在下列文件〔**美洲簡介** .docx〕其內文裡的標題文字「水文與人文地理」下方，添增來自〔**水文與人文地理** .docx〕的內容。

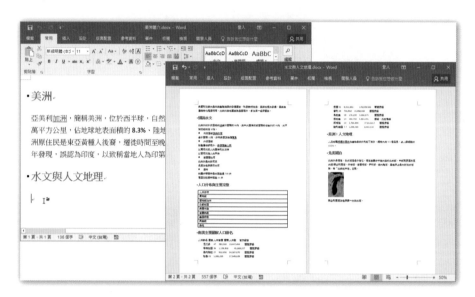

我們可遵循以下的操作步驟來完成上述需求。

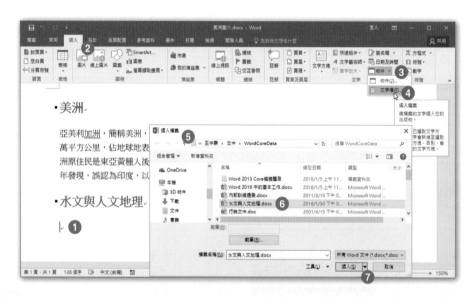

Step.1 文字插入游標停在文件處。

Step.2 點按〔**插入**〕索引標籤。

Step.3 點按〔**文字**〕群組裡〔**物件**〕命令按鈕旁邊的小三角形。

Step.4 從展開的功能選單中點按〔**文字檔**〕。

Step.5 開啟〔**插入檔案**〕對話方塊,選擇文件檔案的存放路徑。

Step.6 點選欲插入的文件檔案名稱〔**水文與人文地理 .docx**〕。

Step.7 點按〔**插入**〕按鈕。

完成匯入指定來源文件 (純文字檔案) 的成果如下:

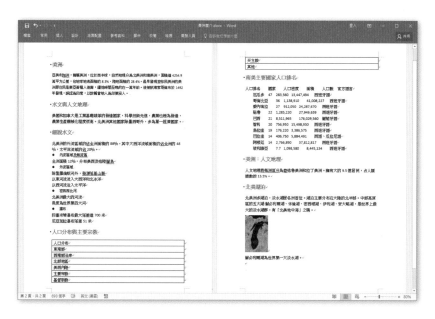

TIPS & TRICKS

可以插入到 Word 文件裡的檔案格式眾多,並不僅限於 docx,舉凡 .doc、.txt、.odt、.rtf 等文件的內容,都可以插入到 Word 文件內。不過,在插入 .txt 的純文字檔內容時,會開啟〔**檔案轉換**〕對話方塊,此時可以選擇合適的編碼進行檔案的匯入。

實作
練習

➤ 開啟〔**練習 1-1.docx**〕文件檔案：

1. 在第一頁標題文字 " 提供與活動有關服務 " 的下方，新增來自文件資料夾裡的〔**提供服務 .docx**〕內容。

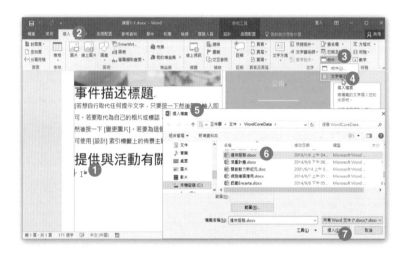

Step.1 開啟文件檔案後，將文字插入游標移至第一頁標題文字 " 提供與活動有關服務 " 的下方。

Step.2 點按〔**插入**〕索引標籤。

Step.3 點按〔**文字**〕群組裡〔**物件**〕命令按鈕旁邊的小三角形。

Step.4 從展開的功能選單中點按〔**文字檔**〕。

Step.5 開啟〔**插入檔案**〕對話方塊，選擇文件檔案的存放路徑。

Step.6 點選欲插入的文件檔案名稱〔**提供服務 .docx**〕。

Step.7 點按〔**插入**〕按鈕。

完成文件檔案的匯入。

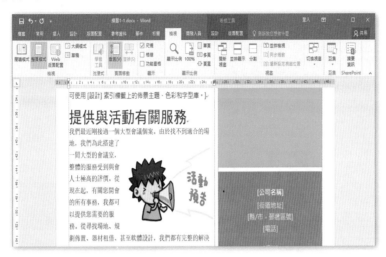

2. 在側邊標題文字 " 重要事件資訊 " 上方插入來自 文件 資料夾裡檔案名稱為
〔**探險活動 .rtf**〕的內容。

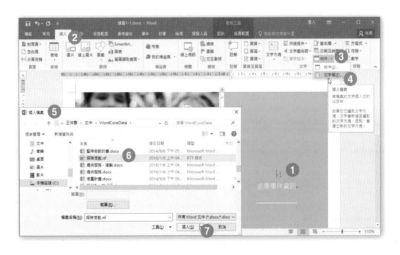

Step.1 將文字插入游標移至第一頁側邊標題文字 " 重要事件資訊 " 的上方。

Step.2 點按〔**插入**〕索引標籤。

Step.3 點按〔**文字**〕群組裡〔**物件**〕命令按鈕旁邊的小三角形。

Step.4 從展開的功能選單中點按〔**文字檔**〕。

Step.5 開啟〔**插入檔案**〕對話方塊,選擇文件檔案的存放路徑。

Step.6 點選欲插入的文件檔案名稱〔**探險活動 .rtf**〕。

Step.7 點按〔**插入**〕按鈕。

完成文件檔案的匯入。

1-2 管理活頁簿檢閱

在編輯文件的過程中，透過導覽工具可以輕鬆捲動內文、搜尋文字，隨心所欲的導覽文件內容。此外，藉由書籤的建立以及超連結的設定，也可以迅速移至內文裡的指定位置或外部的網頁、網站或文件。

1-2-1 搜尋文字

在 Word 2016 的操作環境中，可以利用導覽窗格的功能，進行文件導覽並迅速找尋文件裡的內容。若您並未在 Word 2016 畫面左側看到此功能導覽窗格，可以點按〔**檢視**〕索引標籤，勾選〔**顯示**〕群組裡的〔**功能窗格**〕核取方塊，即可開啟功能窗格，在此進行內文的搜尋，迅速找尋文件裡的關鍵字彙，以及搜尋結果的顯示。此外，透過藉由導覽窗格裡的〔**標題**〕、〔**頁面**〕等選項，亦可進行標題或頁面的切換，迅速導覽整份文件。例如：點按〔**功能窗格**〕裡的〔**標題**〕選項，即可顯示全文中套用了各種標題樣式（標題 1、標題 2、標題 3、…）的連結，讓使用者可以如同目錄般的輕鬆點按並立即捲動至該處，迅速導覽文件內容。

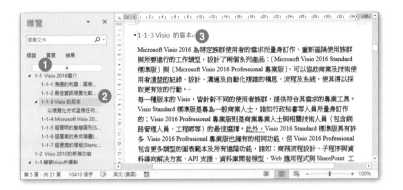

Step.1 點按〔**功能窗格**〕裡的〔**標題**〕選項。

Step.2 點按標題文字。

Step.3 立即捲動並導覽該標題文字所在處。

在頁面的捲動操控上,除了鍵盤的 PageUp、PageDown 按鍵外,透過〔**功能窗格**〕裡頁面小縮圖的點按,也是不錯的選擇!

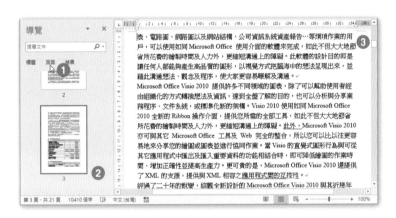

Step.1 點按〔**功能窗格**〕裡的〔**頁面**〕選項。

Step.2 立即顯示全文的頁面小縮圖,透過垂直捲軸的捲動並點按頁面小縮圖。

Step.3 立即捲動至點選的頁面。

1-2-2 建立書籤 (****)

正如同在閱讀紙本的實體書籍時,我們會利用書籤來標記書本中的特定位置,以利於爾後可以迅速返回查閱。在真實生活中的實體書籤一般是由紙張或樹脂等材料,製作成長方形薄片狀。而文件裡的書籤則是針對想要移動的目的地,建立自訂的書籤名稱,意即建立文件中的書籤位置,便可做為內部文件超連結的依據。例如:下列的實務範例將在文章的指定圖片上建立一個名為「網際網路」的書籤。

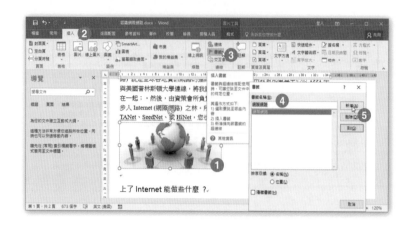

Step.1 點選文件裡的圖片。

Step.2 點按〔**插入**〕索引標籤。

Step.3 點按〔**連結**〕群組裡的〔**書籤**〕命令按鈕。

Step.4 開啟〔**書籤**〕對話方塊,輸入自訂的書籤名稱。例如:「網際網路」。

Step.5 點按〔**新增**〕按鈕。

以此類推,您可以對文件中各個重要主題段落,分別插入自訂的書籤,以作為內部超連結的連結位置之標的。

1-2-3 插入超連結 (**)

所謂的超連結,原本指的是網頁或文件中帶有色彩和底線的文字或圖形,只要瀏覽者點按一下具有超連結設定的文字或圖形,就會立即移動至指定的檔案或檔案中的某個位置,甚至,移動到網際網路 (Internet) 或企業網路 (Intranet) 裡的某個網頁或文件。此外,超連結還可以指向新聞群組、Gopher、Telnet 和 FTP 網址等常見的網際網路服務。一般而言,若是超連結至同一網頁或文件內的某一個特定位置,就稱之為「內部超連結」,此時,您必須先在網頁或文件內設定連結的目的位置,也就是〔**書籤**〕位置,以利於超連結的指向設定。而其餘的超連結,不論是移動到其他檔案或網站、網頁,都稱之為「外部超連結」。

可超連結至另一篇文件檔案 (外部超連結)。

可超連結至文件裡的另一處 (內部超連結)。

插入內部超連結

建立書籤後，便可以在想要設定超連結的文字上建立超連結，使得爾後點按該超連結的文字後，即可連結至文件中的指定位置 (書籤位置)。例如：選定文章裡的名詞「Internet」，設定可以超連結至指定的書籤位置「網際網路」。

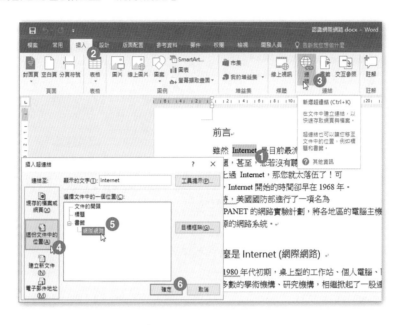

Step.1 選取文章中想要設定超連結效果的文字。例如：「Internet」。

Step.2 點按〔**插入**〕索引標籤。

Step.3 點按〔**連結**〕群組裡的〔**連結**〕命令按鈕。

Step.4 開啟〔**插入超連結**〕對話方塊，按〔**連結至…**〕底下〔**這份文件中的位置**〕按鈕。

Step.5 在〔**選擇文件中的一個位置**〕選項清單裡，點選〔**書籤**〕類別底下所要連結的書籤名稱。例如：「網際網路」。

Step.6 點按〔**確定**〕按鈕。

完成超連結設定的文字有底線格式效果，滑鼠指標停在超連結文字上，會顯示書籤或網址的標示。滑鼠點按此超連結文字後，將立即連結至指定的內容。

插入外部超連結

您也可以將超連結的效果延伸到文件之外,也就是說,您可以建立移動至另一個現存指定檔案文件的超連結,或者,連結至特定的網站或網頁。例如:您可以選取網頁文件中想要設定超連結的文字,然後,利用〔插入超連結〕對話方塊的操作,完成外部超連結的設定。例如:設定文章裡的指定文字「美國國防部」可以超連結至實際的美國國防部網站。

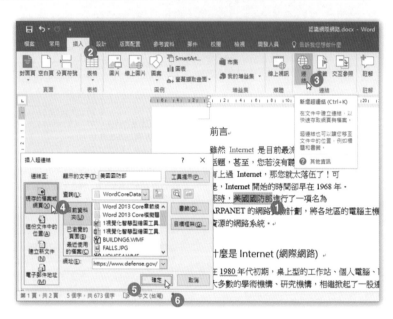

Step.1 以滑鼠選取文章裡的指定文字:「美國國防部」。

Step.2 點按〔插入〕索引標籤。

Step.3 點按〔連結〕群組裡的〔連結〕命令按鈕。

Step.4 開啟〔插入超連結〕對話方塊,按〔連結至…〕底下〔現存的檔案或網頁〕按鈕。

Step.5 在網址文字方塊裡鍵入「https://www.defense.gov/」。

Step.6 點按〔確定〕按鈕。

完成超連結設定的文字有底線格式效果,當滑鼠指標停在超連結文字上時,會顯示超連結提示文字。

超連結的編輯與移除

若要修改或移除文件裡已經設定的超連結，透過快顯功能選單是最便捷的方式。例如：以滑鼠右鍵點按文章裡原本已設定超連結的文字，即可從展開的快顯功能表中點選〔**編輯超連結**〕功能選項，便可開啟〔**編輯超連結**〕對話方塊，進行超連結的修訂。

若要移除文章裡既有的超連結設定，也是以滑鼠右鍵點按該超連結文字後，從展開的快顯功能表中點選〔**移除超連結**〕功能選項，即可輕鬆移除超連結，原本具有超連結的文字，即會恢復為內文的格式與功能（移除超連結後，超連結文字不再具有底線格式）。

1-2-4 移至文件中的特定位置或物件 (**)

在文件中搜尋特定的文字、段落、章節、圖表、…，或欲導覽指定的超連結、書籤、…使用〔Go To〕(到) 功能將是不二法門。例如：點按〔**常用**〕索引標籤底下〔**編輯**〕群組裡的〔**尋找**〕命令按鈕旁的三角形按鈕，再從展開的功能選單中點選〔**到**〕即可開啟〔**尋找及取代**〕對話方塊的〔**到**〕索引對話。

在〔**到**〕索引標籤對話裡，您可以點選要直接跳到〔**到**〕文件的指定「頁」、「節」、「行」、「書籤」、「註解」、「註腳」、「章節附註」、「功能變數」、「表格」、「圖形」、「方程式」、「物件」、「標題」等特定的元件。

例如：點選〔**到**〕選單裡的〔**表格**〕選項後，即可在右側的文字方塊裡輸入要立即到文章裡的第幾個表格；或者，點選〔**到**〕選單裡的〔**書籤**〕選項後，即可在右側的下拉式書籤名稱選單中，點選要立即將文字插入游標移至哪一個指定的書籤處。

實作練習

➤ 開啟〔**練習 1-2.docx**〕文件檔案:

1. 為 " 預售票 " 側標題文字建立一個名為 " **Tickets** " 的書籤。

解

Step.1 選取標題文字「預售票」。

Step.2 點按〔**插入**〕索引標籤。

Step.3 點按〔**連結**〕群組裡的〔**書籤**〕命令按鈕。

Step.4 開啟〔**書籤**〕對話方塊,輸入「Tickets」。

Step.5 點按〔**新增**〕按鈕。

2. 在最後一頁，標題 " 請聯絡我們！" 下方，對網址 "www.everflow.com. tw" 設定網址超連結。

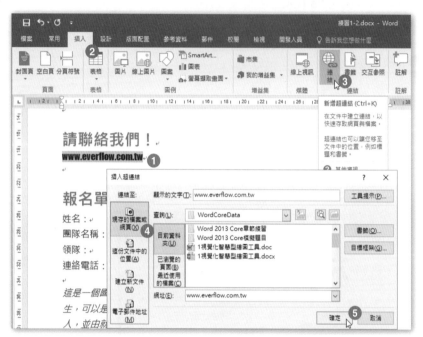

Step.1 選取最後一頁標題文字「請聯絡我們！」下方的網址內容。

Step.2 點按〔**插入**〕索引標籤。

Step.3 點按〔**連結**〕群組裡的〔**連結**〕命令按鈕。

Step.4 開啟〔**插入超連結**〕對話方塊，並自動切換至現存的檔案或網頁。

Step.5 網址列裡自動呈現先前選取的網址內容，若未顯示，亦可鍵入網址「www. everflow.com.tw」，然後點按〔**確定**〕按鈕。

3. 使用〔**到**〕功能，直接跳到名為 " 注意事項 " 的〔**書籤**〕，並刪除此處整個
   段落文字。

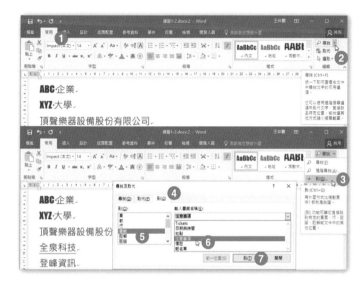

Step.1 點按〔**常用**〕索引標籤。

Step.2 點按〔**編輯**〕群組裡〔**尋找**〕命令按鈕旁的下拉式選單按鈕。

Step.3 點選〔**到**〕選項。

Step.4 開啟〔**尋找及取代**〕對話方塊並自動切換至〔**到**〕索引標籤。

Step.5 點選〔**書籤**〕選項。

Step.6 從下拉式選單中點選「注意事項」。

Step.7 點按〔**到**〕按鈕。

Step.8 選取 " 注意事項 " 書籤所在處的整個段落文字。。

Step.9 點按〔Delete〕按鍵刪除此段選取的內文。

1-3 格式化文件 (*)

利用電腦軟體進行文書處理的工作，可以隨時調整紙張的大小尺寸，以及邊界距離，還有與整份文件版面設定相關的各種格式化設定。例如：佈景主題、文件樣式集、頁首頁尾、頁碼設定、頁面背景色彩、頁面邊框與浮水印等等。

1-3-1 修改版面設定 (*)

在 Word 2016 的操作中，您可以透過〔版面配置〕索引標籤的操作，藉由〔邊界〕、〔方向〕、〔大小〕等命令按鈕的選項操作，進行與紙張格式相關的設定。諸如：列印版面的天地邊與框書邊設定、紙張方向、大小的選擇，或是印表機中的紙張來源、頁面排列是否要有奇偶數頁的控制等版面設定。

與邊界相關的設定

一份文件若是塞滿了文字與圖表，可想而知是多麼的難看，所以，適當的行距與字距的控制當然是必要的。例如：若配以適當空間的上邊界（天邊）、下邊界（地邊）、左邊界（框書邊）、右邊界（框書邊），一定可以使得整頁的版面看起來更清爽整齊。此外，若每一頁文稿的上方或下方要列印頁首或頁尾，則頁首離紙張的上緣，以及頁尾與紙張的下緣之距離要空多少，也可以設定。若文件列印後必須裝訂時，甚至還可以再設定適度的裝訂邊的大小與位置。而這一切的設定，都可以藉由〔邊界〕命令按鈕的點按來進行選擇。若是點選〔自訂邊界〕功能選項，還可以開啟〔版面設定〕對話方塊，進入〔邊界〕索引標籤的操作選項，進行更細部與多元的邊界設定。

點按〔**版面配置**〕索引標籤裡〔**版面設定**〕群組內的〔**邊界**〕命令按鈕，可以展開各種預設的邊界設定供您選擇套用。

在〔版面設定〕〔邊界〕的對話操作裡，除了可以設定上、下、左、右邊界外，亦可設定裝訂邊的空白大小以及裝訂邊的位置。

也可以設定文稿列印時，紙張是要以直向或是橫向來排版列印。

對於兩頁以上的多頁文稿，您可以設定標準、左右對稱、單面雙頁、書籍對頁以及反向書籍折頁等多頁面選項。

點按〔**自訂邊界**〕選項，可開啟〔**版面設定**〕〔**邊界**〕的對話操作。

關於多頁的設定

對於頁數超過 1 頁以上的頁面，在邊界的設定上可以根據排版的需求，進行頁數為多頁時的選項設定，可選擇的規格如下：

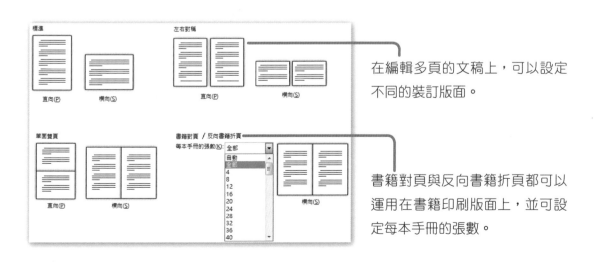

在編輯多頁的文稿上，可以設定不同的裝訂版面。

書籍對頁與反向書籍折頁都可以運用在書籍印刷版面上，並可設定每本手冊的張數。

➤ 標準：即一般的文件列印，若配合可雙面列印的印表機，則可正反兩面都列印內文。

➤ 左右對稱：在書籍的編排上，若區分左右頁的考量，可使用左右對稱進行多頁排版。

➤ 單面雙頁：可使兩頁文件列印在一頁紙張上。

➤ 書籍對頁：印刷成書籍樣式的文件，也就是多張紙對折成一本書的樣式。

➤ 反向書籍折頁：印刷成書籍樣式的文件，也就是多張紙對折成一本書的樣式。只列印紙張左半部。

紙張的列印方向與紙張的選擇

在預設狀態下，啟動 Word 時的標準範本是直向的，不過，透過紙張方向的設定，可以隨時調整為直向或橫向的版面。

點按〔版面配置〕索引標籤裡〔版面設定〕群組內的〔方向〕命令按鈕，可以選擇直向或橫向的排版。

在紙張大小的選擇上，除了可以選擇預設的各種紙張大小（與印表機的廠牌機種有關）外，您也可以手動輸入紙張的寬度與高度來自訂紙張大小。

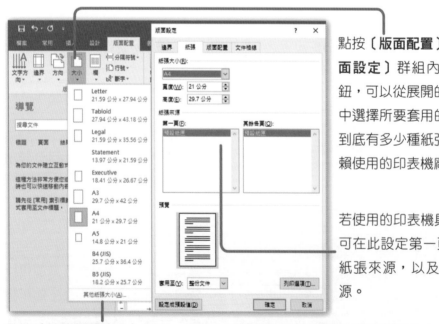

點按〔版面配置〕索引標籤底下〔版面設定〕群組內的〔大小〕命令按鈕，可以從展開的各種紙張大小規格中選擇所要套用的紙張大小。不過，到底有多少種紙張規格可供選擇，端賴使用的印表機廠牌來決定。

若使用的印表機具有多紙匣設備，亦可在此設定第一頁（可能是封面）的紙張來源，以及其餘各頁紙張的來源。

點按〔其他紙張大小〕選項，可開啟〔版面設定〕〔紙張〕的對話操作來自訂紙張的大小（高度與寬度）。

版面設定的完整對話操作

長篇的文稿在排版要求上常會需要區分左右頁,也就是奇數或偶數頁都要有不同的頁首頁尾設定,這就是所謂的版面配置格式設定。不足一頁的文字段落或插圖,也要調整至一頁的正中央,以作為封面的版面格式。這些相關設定都可以透過〔**版面設定**〕對話方塊裡的〔**版面配置**〕索引標籤選項來完成。

點按〔**版面配置**〕索引標籤裡〔**版面設定**〕群組旁的對話方塊啟動器按鈕,可以開啟〔**版面設定**〕對話方塊。

點按〔**版面配置**〕索引標籤,在此對話選項中,可以進行頁首與頁尾的版面配置設定。例如:設定奇偶頁的頁首頁尾不同,或者第一頁的頁首頁尾與其他各頁面不同。

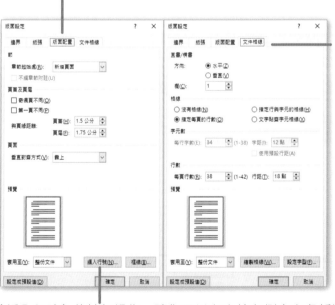

點按〔**文件格線**〕索引標籤,在此對話選項中,可以設定直書/橫書的方向,亦可設定一頁顯示幾行?每行列印多少個字?並直接在畫面上顯示不會被列印的字元格線。

〔**編入行號**〕的按鈕操作,讓您可以在文件左側空白處新增或移除行編號。

1-3-2 套用文件佈景主題 (*)

透過佈景主題格式的套用，可以讓文件套用預設的樣式與內文格式、標題格式，呈現出極具個人樣式或企業文化的文件。每一個佈景主題都包含了一組獨特的格式設定，除了預先設計的樣式格式外，也含括了色彩、字型與效果，可讓使用者輕鬆建立一致性外觀與風格的文件。點按〔**設計**〕索引標籤內〔**文件格式設定**〕群組裡的〔**佈景主題**〕命令按鈕，即可展開佈景主題圖庫選單，從中點選所要套用的佈景主題。

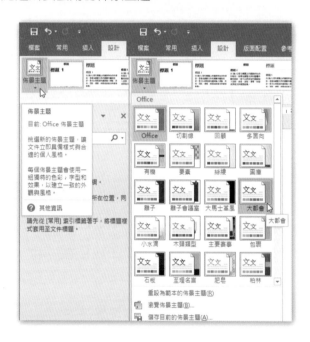

藉由〔**文件格式設定**〕群組裡的〔**色彩**〕命令按鈕，可以選擇不同的調色盤，快速變更文件中標題、物件、內文等元件所使用的色彩，可依行業別屬性挑選適合的配色。

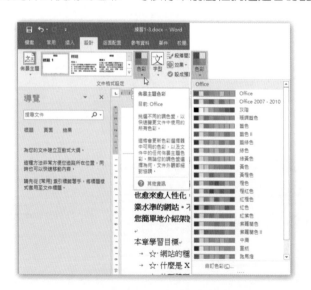

而利用〔**字型**〕命令按鈕可以挑選指定的字型集，迅速變更文件裡所有物件的字型，讓文件看起來更有一致性。

例如：下面的範例是套用了名為「大都會」的佈景主題，再套用「紅紫色」的佈景主題色彩，以及「Arial」的佈景主題字型。

1-3-3　套用文件樣式集 (*)

即使是文件的內文格式也並非一成不變，套用樣式可以迅速設定各種標題文字格式，除了可以優化文件的視覺效果外，更可呈現文件的起承轉合與閱讀性。而眾多經過設計的樣式，可形成文件樣式集合，即可做為新、舊文件在套用格式化時的標準，也讓文件的格式效果更具一致性與標準化。文件樣式集的選擇，位於〔**設計**〕索引標籤裡〔**文件格式設定**〕群組內，〔**其他**〕按鈕，可以展開文件樣式集圖庫清單，從中點選所要套用的樣式集。

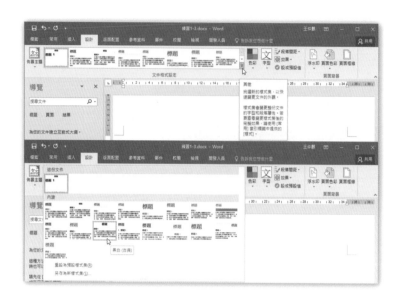

樣式選單

樣式 (Style) 是在進行文稿編輯時，格式化（美化）文稿的最佳利器。您可以在文件裡選定的文字上直接套用 Word 的預設樣式，也可以自行設計特別的樣式，來美化文稿中選定的文句，而不需要每次為了要格式化文字或段落，都得重複進行〔字元〕與〔段落〕等格式設定的功能操作。例如：您可以透過樣式圖庫裡現成的預設樣式或是自行定義的樣式，輕鬆地套用在文件的內文中，亦可點按樣式對話方塊啟動器，開啟樣式選單窗格，使用並管理文件裡的所有樣式。

樣式圖庫，提供各種格式化樣式。

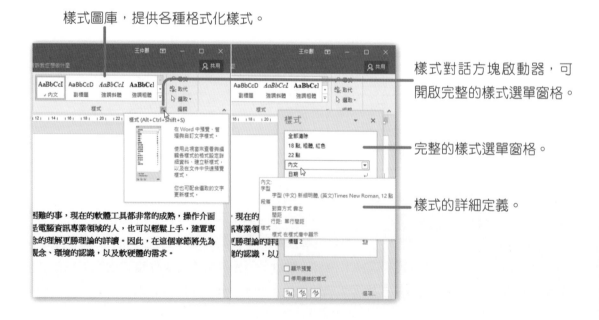

樣式對話方塊啟動器，可開啟完整的樣式選單窗格。

完整的樣式選單窗格。

樣式的詳細定義。

標題樣式的層級概念

套用了標題樣式的文句，也具備了大綱層次的階層概念，因此，在檢閱文件的內容時，可以藉由階層按鈕 (三角形按鈕) 的點按，來展開或隱藏標題以下的內文。

點按套用了標題樣式的文字其左側的大綱按鈕 (三角形按鈕)。

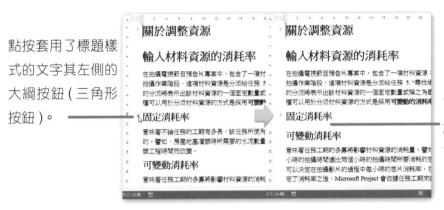

可自動隱藏或顯示該標題樣式文字以下的內文。

此外，由於標題樣式通常也是整段文字，因此，透過段落格式的操作，可以設定該標題段落在預設狀態下，是否要摺疊底下的內文。若是預設摺疊，則表示爾後開啟文件檔案時，將僅顯示該標題段落，而不顯示該標題底下的內文。

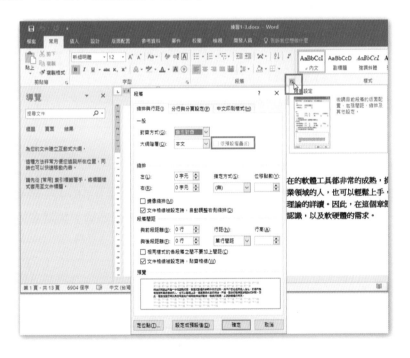

TIPS & TRICKS

透過 Word 2016 的後台管理頁面，點按〔**選項**〕，可以開啟〔**Word 選項**〕對話方塊，再點選〔**進階**〕選項，進入選項頁面後，在〔**顯示文件內容**〕底下，勾選〔**在開啟文件時展開所有標題**〕核取方塊，可以設定文件檔案在開啟時，自動展開標題顯示內容。

1-3-4　插入頁首與頁尾 (*)

頁首 (Header) 與頁尾 (Footer) 指的是出現在每一頁文稿上方與下方的文字編輯區域。通常此區域都是用來輸入文稿的名稱、文稿主題、章節的名稱、作者名稱、抬頭全銜、公司商標、或設定頁碼、日期、時間、…等訊息。

頁首 –
文稿標題

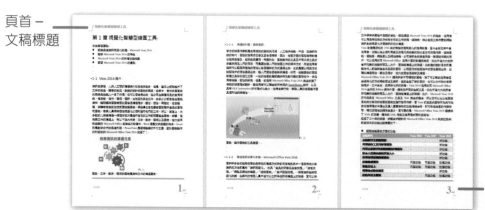

頁尾 –
頁碼的設定

您可以點按〔**插入**〕索引標籤,在〔**頁首及頁尾**〕群組內提供了〔**頁首**〕與〔**頁尾**〕命令按鈕,除了包含預設的頁首與頁尾樣式可供選用外,也可以立即進入頁首 / 頁尾的編輯環境。

頁首頁尾的命令按鈕位於〔**插入**〕索引標籤內。

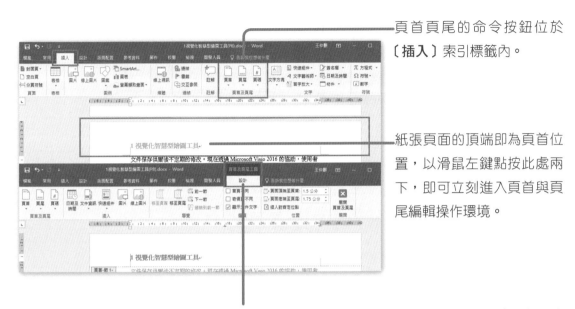

紙張頁面的頂端即為頁首位置,以滑鼠左鍵點按此處兩下,即可立刻進入頁首與頁尾編輯操作環境。

進入頁首與頁尾編輯操作環境時,視窗頂端功能區內即提供有〔**頁首及頁尾工具**〕,底下的〔**設計**〕索引標籤裡便是完整的頁首頁尾工具,包含了與頁首頁尾設定相關的所有命令按鈕。

您可以利用〔**頁首及頁尾工具**〕底下〔**設計**〕索引標籤內的命令按鈕,例如:〔**日期及時間**〕、〔**文件資訊**〕、〔**快速組件**〕、〔**圖片**〕等命令按鈕,在頁首頁尾的編輯區域內設定特殊的資料,諸如電腦系統日期、系統時間、檔案名稱、頁碼、總頁數、指定的圖片、…等等。

1-3-5 插入頁碼 (*)

不論是頁首還是頁尾，只要使用現成的頁碼樣式，便可以在文件裡輕鬆建立頁碼。例如：以下的實務範例將使用具有圖形效果的頁碼（現成的圖形〔**三角形 2**〕樣式），將使得文件頁尾的表現更有可看性。

操作程序如下：

Step.1　點按〔**插入**〕索引標籤。

Step.2　點按〔**頁首及頁尾**〕群組裡的〔**頁碼**〕命令按鈕。

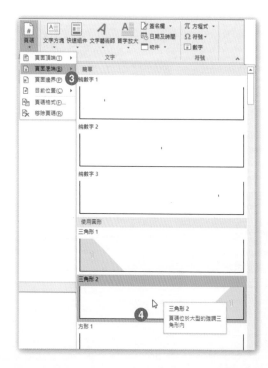

Step.3

從展開的頁碼功能選單中點選〔**頁面底端**〕。

Step.4

再從展開的副選單中點選〔**使用圖形**〕類別裡的〔**三角形 2**〕樣式。

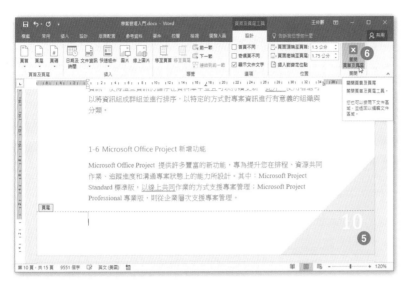

1-3-6 設定頁面背景元素的格式 (*)

以電子檔案傳遞、檢視 Word 文件時,單調的白底黑字將不是唯一的選擇。透過新增頁面背景色彩,將可以讓 Word 文件添增一些額外視覺效果。例如:點選〔設計〕索引標籤後,在功能區右側的〔頁面背景〕群組裡,即提供有〔浮水印〕、〔頁面色彩〕與〔頁面框線〕等三個命令按鈕。以〔頁面色彩〕為例,可以在點按〔頁面色彩〕命令按鈕後,從色盤中點選所要套用的背景色彩。

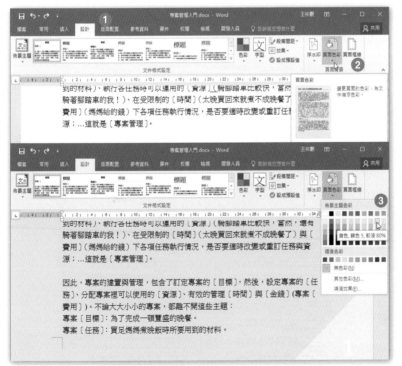

Step.1
點按〔設計〕索引標籤。

Step.2
點按〔頁面背景〕群組裡的〔頁面色彩〕命令按鈕。

Step.3
從展開的下拉式色盤選單中,點選所要套用的背景顏色。

在 Word 文件編輯中提供的頁面框線效果，可以將文件以頁為單位，加上頁面邊框，此頁面邊框提供有幾何圖形以及各式各樣的花邊，至於要將頁面框線效果套用在整份文件的每一頁、還是某一節，都由您自己來決定。

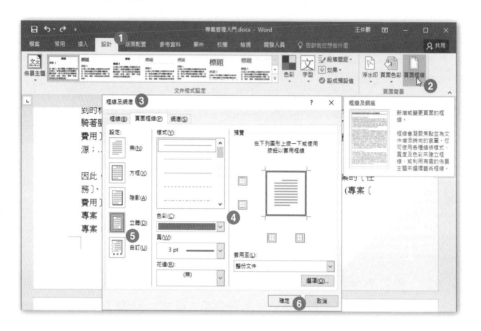

Step.1 點按〔**設計**〕索引標籤。

Step.2 點按〔**頁面背景**〕群組裡的〔**頁面框線**〕命令按鈕。

Step.3 開啟〔**框線及網底**〕對話方塊並自動切換至〔**頁面框線**〕索引標籤。

Step.4 選擇所要套用的框線樣式、色彩與寬度 (粗細)。

Step.5 設定框線格式，例如：〔**立體**〕。

Step.6 選擇套用位置為整份文件，然後，點按〔**確定**〕按鈕。

完成頁面框線的文件格式設定：

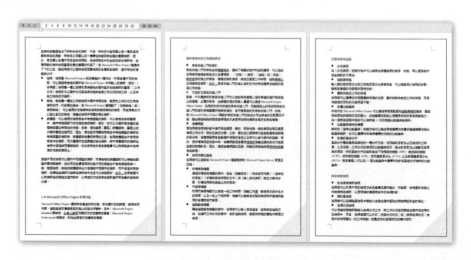

以下的實例則是套用了樹木圖形作為文件的頁邊框，在較為活潑、開朗的議題或相關主題文件，的確不失為視覺化文件的亮點。

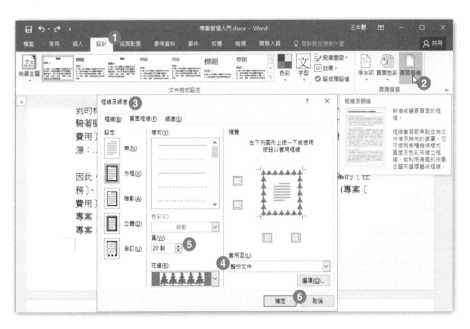

Step.1 點按〔**設計**〕索引標籤。

Step.2 點按〔**頁面背景**〕群組裡的〔**頁面框線**〕命令按鈕。

Step.3 開啟〔**框線及網底**〕對話方塊並自動切換至〔**頁面框線**〕索引標籤。

Step.4 選擇所要套用的花邊圖案。

Step.5 點選所要套用的花邊寬度。

Step.6 選擇套用位置為整份文件，然後，點按〔**確定**〕按鈕。

完成頁面花邊的文件格式設定：

1-3-7　插入浮水印 (*)

浮水印是出現在文件底層的文字或圖片，透過浮水印的設計往往可以增加文件的安全性，或者用浮水印指出文件的狀態，例如：將文件標記為〔**機密文件**〕或〔**最高機密**〕等文字。而 Word 文件中若有設定浮水印的需求，可以使用現成的浮水印文字或圖片，也可以自行輸入浮水印文字，客製化浮水印效果。以下將為您演練一下，如何在文件裡自訂一個文字效果的浮水印，並設定其規格為文字內容：「特急件」；字型為「微軟正黑體」；版面配置則設定為「對角線」。

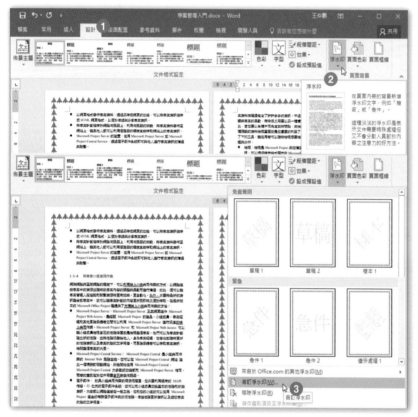

Step.1

點按〔**設計**〕索引標籤。

Step.2

點按〔**頁面背景**〕群組裡的〔**浮水印**〕命令按鈕。

Step.3

從展開的浮水印功能選單中點選〔**自訂浮水印**〕選項。

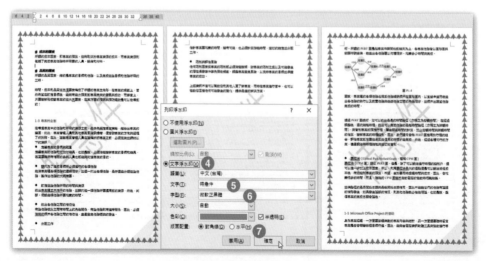

Step.4 開啟〔列印浮水印〕對話方塊，點選〔**文字浮水印**〕選項。

Step.5 在文字方塊選項中，輸入「特急件」文字。

Step.6 點選字型為〔**微軟正黑體**〕選項。

Step.7 點選版面配置為〔**對角線**〕選項，然後，點按〔**確定**〕按鈕。

實作
練習

● ●

➤ 開啟〔**練習 1-3.docx**〕文件檔案：

1. 對文件套用〔**多面向**〕佈景主題。再將整份文件套用〔**基本 (時尚)**〕樣式
集。然後，將文件的邊界調整為左右對稱。

解

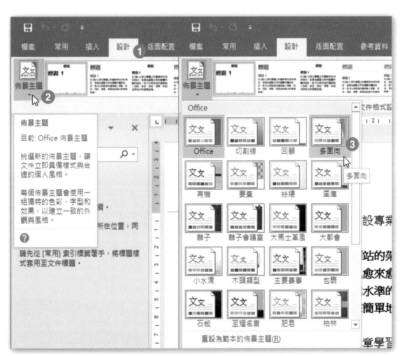

Step.1 點按〔**設計**〕索引標籤。

Step.2 點按〔**文件格式設定**〕群組裡的〔**佈景主題**〕命令按鈕。

Step.3 從展開的佈景主題圖庫選單中，點選所要套用的佈景主題〔**多面向**〕。

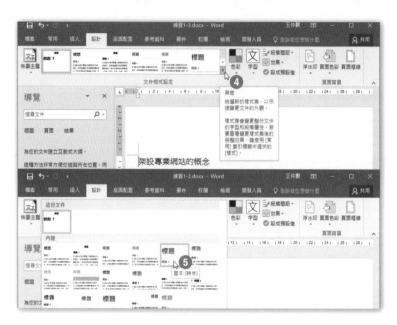

Step.4 點按〔**文件格式設定**〕群組裡樣式集右側的〔**其他**〕命令按鈕。

Step.5 從展開的樣式集圖庫選單中，點選所要套用的樣式集〔**基本 (時尚)**〕。

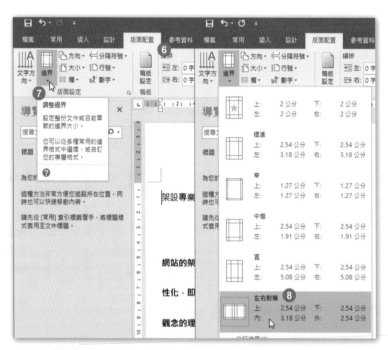

Step.6 點按〔**版面配置**〕索引標籤。

Step.7 點按〔**版面設定**〕群組裡的〔**邊界**〕命令按鈕。

Step.8 從展開的邊界選單中，點選所要套用的〔**左右對稱**〕邊界。

2. 插入一個內建的［回顧］頁首並且不會在首頁顯示頁首。然後，在文件標題輸入 " 專案管理介紹 "。

解

Step.1 點按〔插入〕索引標籤。

Step.2 點按〔**頁首及頁尾**〕群組裡的〔**頁首**〕命令按鈕。

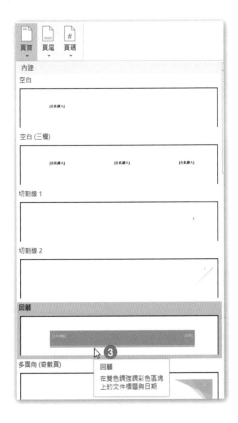

Step.3 從展開的頁首圖庫選單中，點選所要套用的〔**回顧**〕頁首。

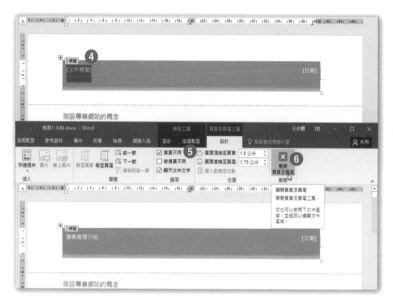

Step.4 進入頁首及頁尾編輯畫面，點選頁首後，選取文件標題控制項。輸入文件標題文字為「專案管理介紹」。

Step.5 勾選〔頁首及頁尾工具〕底下〔設計〕索引標籤裡〔選項〕群組內的〔首頁不同〕核取方塊。

Step.6 點按〔關閉〕群組裡的〔關閉頁首及頁尾〕命令按鈕。

3. 在每一個頁面的底部新增一個〔方形 2〕的頁碼。

Step.1 點按〔插入〕索引標籤。

Step.2 點按〔頁首及頁尾〕群組裡的〔頁碼〕命令按鈕。

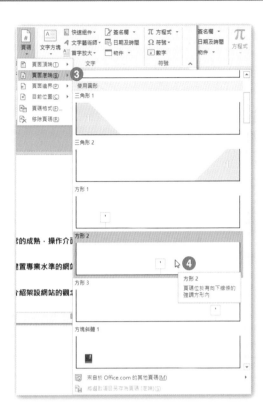

Step.3 從展開的頁碼圖庫選單中，點選〔**頁面底端**〕選項。

Step.4 從展開的副選單中點選所要套用的〔**方形 2**〕。

在頁面底部的頁尾處立即新增了方形圖案的頁碼格式效果：

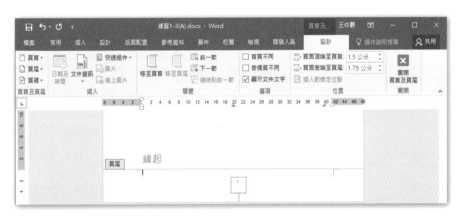

4. 套用頁面色彩為〔**金色，輔色** 3, **較淺** 80%〕。然後，設定頁面框線為方框、框線寬度為 4.5pt 、框線色彩為〔**紅色，輔色** 5, **較淺** 40%〕並套用至整份文件。

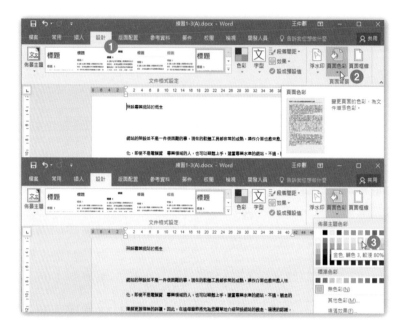

Step.1 點按〔**設計**〕索引標籤。

Step.2 點按〔**頁面背景**〕群組裡的〔**頁面色彩**〕命令按鈕。

Step.3 從展開的色彩選單中點選〔**金色, 輔色** 3, **較淺** 80%〕。

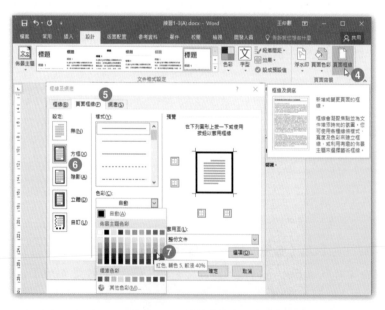

Step.4 點按〔**頁面背景**〕群組裡的〔**頁面框線**〕命令按鈕。

Step.5 開啟〔框線及網底〕對話方塊,並自動切換到〔頁面框線〕索引標籤對話。

Step.6 在〔設定〕選項下方點選〔方框〕。

Step.7 點選方框色彩為〔紅色,輔色 5,較淺 40%〕。

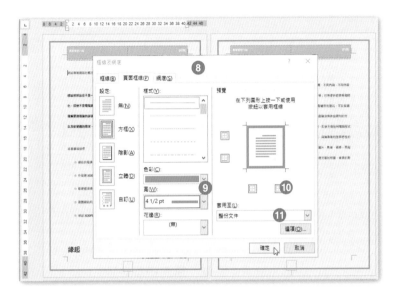

Step.8 在〔樣式〕選項下方點選細線。

Step.9 在〔寬〕選項下方,選擇〔4 1/2pt〕。

Step.10 在〔套用至〕選項下方,選擇〔整份文件〕。

Step.11 點按〔確定〕按鈕。

5. 新增浮水印〔**請勿複製 2**〕至所有頁面。

Step.1 點按〔設計〕索引標籤。

Step.2 點按〔頁面背景〕群組裡的〔浮水印〕命令按鈕。

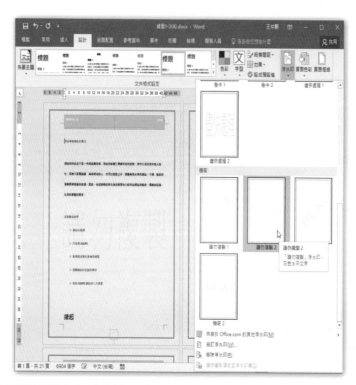

Step.3 從展開的浮水印圖庫選單中點選〔**請勿複製 2**〕。

1-4 自訂選項和文件的檢視

了解軟體所提供的操作環境，以及各種適用且可自訂化的工具，將有助於使用者更靈活的操控軟體、活用工具。在 Word 2016 中提供了可依不同需求與目的的檢視操作環境，以及自訂化工具和功能區的能力，讓文件的操控與屬性 (摘要資訊) 的設定都變得更加容易。

1-4-1 變更文件檢視

應用程式通常都會提供不同的檢視環境以呈現不同的畫面與工具，來迎合各種不同需求的用途與操作。在 Word 的操作環境下，提供了「閱讀模式」、「整頁模式」、「Web 版面配置」、「大綱模式」以及「草稿」等檢視模式，讓使用者輕鬆切換至熟悉或需要的操作環境。而這些檢視模式的切換命令按鈕，盡在 [檢視] 索引標籤底下的 [檢視] 群組內，可以讓使用者輕易的切換至各種不同的檢視畫面，以及顯示或隱藏尺規。

➤ 整頁模式：是預設也是慣用的檢視模式，通常就是在此環境下進行文件的編輯、存取、檢視列印外觀。

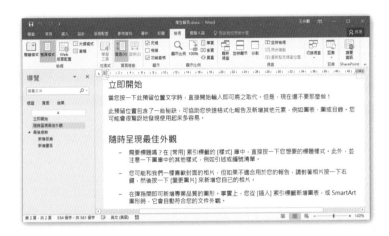

➤ 閱讀模式：在此檢視模式下，隱藏了功能區的顯示，而提供了專為閱讀而設計的工具，例如左右頁面的導覽。若是配合觸控設備，更讓您的 Word 檢視環境猶如在平板電腦中閱讀文件一般，是讀取文件的最佳方式。

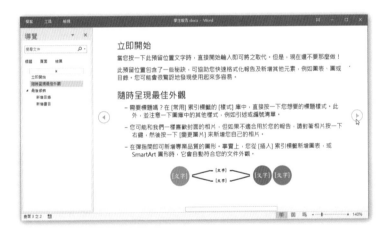

➤ Web 版面配置：在此檢視模式下可以看到文件若是儲存成網頁時的確實外觀。

➤ 大綱模式：在此檢視模式下文件的內容將以項目符號的方式來呈現，因此，非常適合用來建立標題，或者在文件裡進行整個段落內文的搬移。

➤ 草稿：在草稿檢視模式下，僅能查看文件裡的文字內容，而看不到諸如內文插圖或頁首／頁尾裡的特定物件，但是，使用者便可以因此而將專注力集中於文字的編輯上，而加速文字編輯工作的效率。

1-4-2　使用縮放設定自訂檢視

除了檢視畫面的切換外，透過縮放設定可以自訂檢視畫面的顯示比例，既可以多頁顯示文件，也可以放大單頁顯示，不論是調整大篇幅的文件版面，或是放大比例精密地編輯文件內容，皆悉聽尊便！例如：在 Word 視窗底部右下方提供了水平捲軸可以讓您輕鬆拖曳調整顯示比例。在〔**顯示比例**〕對話方塊裡，亦可輸入想要呈現的實際顯示比例。

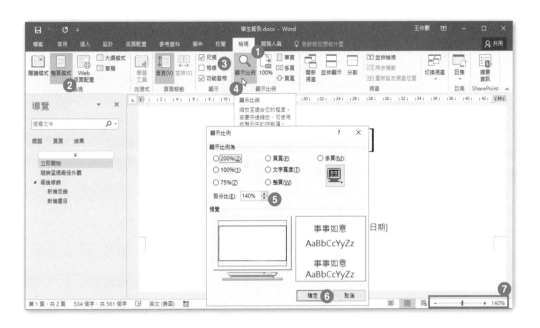

Step.1 點按〔**檢視**〕索引標籤。

Step.2 點按〔**檢視**〕群組裡的〔**整頁模式**〕命令按鈕。

Step.3 勾選〔**顯示**〕群組裡的〔**尺規**〕核取方塊。

Step.4 點按〔**顯示比例**〕群組裡的〔**顯示比例**〕命令按鈕。

Step.5 開啟〔**顯示比例**〕對話方塊，輸入百分比例為 140%。

Step.6 點按〔**確定**〕按鈕。

Step.7 功能區下方立即顯示橫向水平尺規，視窗左側亦顯示縱向垂直尺規，而文件顯示比例也已經調整為 140%。

1-4-3 自訂快速存取工具列

Office 家族系列的應用程式，不論是 Word、Excel、PowerPoint，還是 Access 等等，其情境式的操作介面是位於視窗頂端，由〔**檔案**〕、〔**常用**〕、〔**版面配置**〕、〔**校閱**〕、〔**檢視**〕、…等等索引標籤所組成的〔**功能區**〕，而〔**功能區**〕左上角則是一排可以客製化的快速命令按鈕，稱之為〔**快速存取工具列**〕，皆是您在操作應用程式建立、編輯文件時不可或缺的命令工具。例如：您若經常會使用到〔**預覽列印和列印**〕工具按鈕，便可以輕鬆地透過下列操作步驟，將其添增至快速存取工具列上。

預設狀態下，Word 2016 的快速存取工具列上僅有三個工具按。

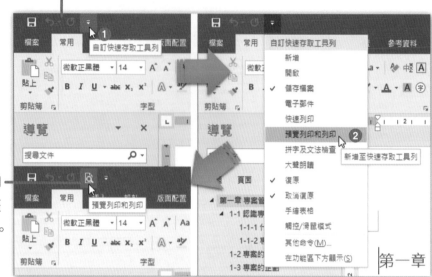

新增〔預覽列印和列印〕工具按鈕至快速存取工具列上。

Step.1　點按〔**自訂快速存取工具列**〕按鈕。

Step.2　從展開的下拉式功能選單中點選〔**預覽列印和列印**〕選項。

TIPS & TRICKS

關於快速存取工具列

快速存取工具列是針對常用指令所融合的快捷設計，讓您滑鼠一點就能執行任何選定的指令。您可以在任何工具按鈕上點擊滑鼠右鍵，並從快顯功能表中選擇〔**新增至快速存取工具列**〕，或者，也可以透過〔**Word 選項**〕操作，瀏覽所有的工具，並選擇要加入快速存取工具列的工具，自訂化並設計出您專屬的工具按鈕列。

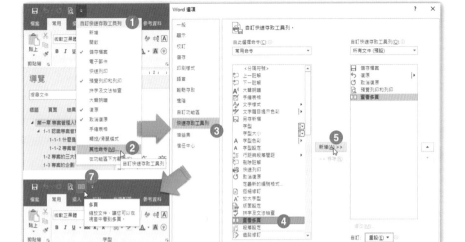

Step.1 點按〔**自訂快速存取工具列**〕按鈕。

Step.2 從展開的下拉式功能選單中點選〔**其他命令**〕選項。

Step.3 開啟〔Word **選項**〕對話方塊並自動切換至〔**快速存取工具列**〕選項。

Step.4 點選想要新增至快速存取工具列的工具命令。例如：〔**查看多頁**〕命令按鈕。

Step.5 點按〔**新增**〕按鈕。

Step.6 點按〔**確定**〕按鈕，結束〔Word **選項**〕對話方塊的操作。

Step.7 〔**查看多頁示色彩**〕命令按鈕將成為〔**快速存取工具列**〕的新成員。

TIPS & TRICKS

自訂功能區

從 Word 2013 開始已經可以讓使用者自訂功能區了，其中，內建的〔**開發人員**〕索引標籤是進行巨集錄製、控制項設定，以及 VBA 程式碼撰寫時不可或缺的工具。

透過以下的操作，可以啟用內建的〔**開發人員**〕索引標籤。

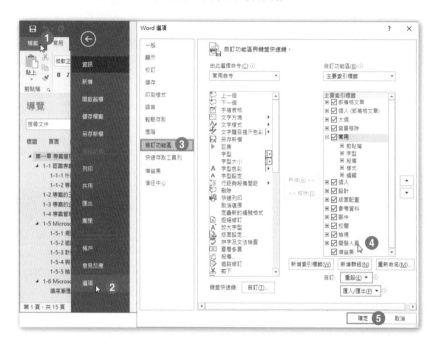

Step.1　點按〔**檔案**〕索引標籤。

Step.2　進入 Word 2016 的後台管理頁面後點按〔**選項**〕。

Step.3　開啟〔Word **選項**〕對話方塊，點選〔**自訂功能區**〕。

Step.4　在右側的功能區內容清單中勾選〔**開發人員**〕核取方塊。

Step.5　點按〔**確定**〕按鈕，結束〔Word **選項**〕對話方塊的操作。

1-4-4 分割視窗

如果要在一個畫面中同時查看一份文件裡相距甚遠的區段,則請善用分割視窗功能,即可免去使用捲軸上、下捲動的不便。

Step.1 點按〔**檢視**〕索引標籤。

Step.2 點按〔**視窗**〕群組裡的〔**分割**〕命令按鈕。

Step.3 分割後的上視窗可維持第 1 頁的顯示。

Step.4 可將分割後的下視窗畫面捲動至其它頁面,例如:第 5 頁。

Step.5 點按〔**視窗**〕群組裡的〔**移除分割**〕命令按鈕,可結束分割視窗的顯示。

分割視窗與並排顯示的差異

〔**分割視窗**〕是指在應用程式視窗裡，將一份文件檔案的顯示，分割成上下兩個視窗，來顯示同一份文件裡的不同位置，尤其是在進行前、後文的比較時特別有用。而〔**並排顯示**〕是指同時開啟多份文件檔案後，以每一份文件檔案一個視窗的方式，在螢幕上堆疊各個文件視窗，如此便可以同時進行各個文件檔案的比較與檢視。

1-4-5　新增文件屬性 (*)

與文件檔案相關的資訊，除了檔案名稱、附屬檔案名稱、儲存檔案的日期時間與作者姓名外，諸如：容量大小、頁數、字數、自訂的標題、標籤、註解、…等等也都是檔案的重要資訊，都稱之為檔案摘要資訊或稱之為文件屬性。透過後台管理頁面的〔**資訊**〕頁面或〔**摘要資訊**〕對話方塊，即可輕鬆編輯文件屬性。

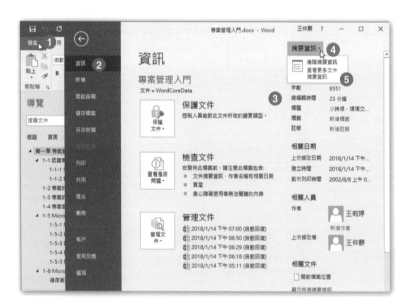

Step.1　點按〔**檔案**〕索引標籤。

Step.2　進入 Word 後台管理頁面，點按〔**資訊**〕。

Step.3　可以在此編輯部分檔案摘要資訊。

Step.4　點按〔**資訊**〕頁面右側的〔**摘要資訊**〕按鈕。

Step.5　從展開的摘要資訊功能選單中，點選〔**進階摘要資訊**〕功能選項。

Step.6
開啟此文件檔案的〔**摘要資訊**〕對話方塊,點按〔**摘要資訊**〕索引標籤。

Step.7
在各個欄位裡可以輸入、編輯文件的屬性。

此外,在〔資訊〕頁面的右下角有個〔顯示所有摘要資訊〕的連結,可以在頁面上展開更多的文件屬性欄位,可供您進行詳盡的摘要資訊編輯,例如:狀態、類別、主旨、公司…等文件屬性。

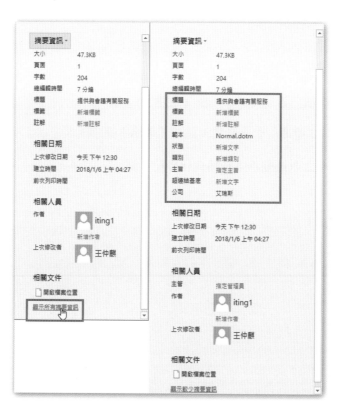

1-4-6 顯示或隱藏格式設定符號 (*)

文件裡所鍵入的空格、**Tab**、**Enter** 等位置，以及分段、分頁與分頁等所在處，是微調文件版面配置時的重要依據，有時候在螢幕上永定顯示這些格式設定符號，將是進行文件編輯排版時的重要參考，只要透過以下操作步驟，即可決定是否要顯示或隱藏這些格式符號。

Step.1 點按〔**檔案**〕索引標籤。

Step.2 進入 Word 後台管理頁面，點按〔**選項**〕。

Step.3 開啟〔Word **選項**〕對話方塊，點按〔**顯示**〕選項。

Step.4 在〔**在螢幕上永遠顯示這些格式化標記**〕底下，取消或勾選各種格式化標記的核取方塊。

Step.5 點案〔**確認**〕按鈕。

實作練習

● ●

➤ 開啟〔**練習 1-4.docx**〕文件檔案：

　1. 文件摘要的狀態屬性輸入 " 2018 年度研討會 " 。

解

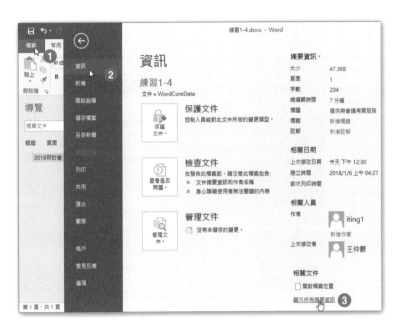

Step.1 點按〔**檔案**〕索引標籤。

Step.2 進入 Word 後台管理頁面，點按〔**資訊**〕。

Step.3 在〔**資訊**〕頁面對話方塊，點按〔**顯示所有摘要資訊**〕選項。

Step.4 點選〔**狀態**〕屬性欄位。

Step.5 輸 入 文 字「2018 年度研討會」。

2. 這份文件最前面兩個段落的文字之間有多餘的間距與空白，請設定僅顯示定位字元與空白這兩種格式化標記。但是，您並不需要移除這些多餘的定位字元與空白符號。

解

Step.1 點按〔**檔案**〕索引標籤。

Step.2 進入 Word 後台管理頁面，點按〔**選項**〕。

Step.3 開啟〔Word **選項**〕對話方塊，點按〔**顯示**〕選項。

Step.4 在〔**在螢幕上永遠顯示這些格式化標記**〕底下，勾選〔**定位字元**〕與〔**空白**〕核取方塊。

Step.5 點按〔**確定**〕按鈕。

1-5　列印及儲存文件

在視窗應用程式裡幾乎都是所見即所得的環境，列印前即可預覽輸出的成果，既可了解版面的正確性，也可以在列印前先檢查或調整文件版面，並可進行列印相關設定。在輸出上，docx 並不是唯一的選擇，儲存成 PDF、RTF、…等檔案格式也都可以是輸出選項。此外，養成在文件輸出前進行私密性資訊檢查、協助工具檢查以及相容性檢查，都是不可或缺的好習慣。

1-5-1　修改列印設定

在列印文件時，可以在後台管理的列印頁面裡，預覽列印文件的輸出成果，也可以進行印表機的選擇、列印份數的選擇。

有時候對於草稿性質的文件，或者並不需要高品質輸出的文件，若設定有背景色彩或背景影像，在使用印表機列印輸出時，是蠻浪費彩色墨水或碳粉的，此時，您便可以暫時取消文件背景色彩或背景影像的列印。這方面的設定可以在列印選項裡達成設定。

Step.1 點按〔**檔案**〕索引標籤。

Step.2 進入 Word 後台管理頁面，點按〔**選項**〕。

Step.3 開啟〔Word **選項**〕對話方塊，點按〔**顯示**〕選項。

Step.4 取消勾選〔**列印選項**〕底下的〔**列印背景色彩及影像**〕核取方塊。

Step.5 點按〔**確認**〕按鈕。

1-5-2 以其他檔案格式儲存文件

為了符合不同環境、平台與安全性的需求，除了 .docx 的開放性檔案格式外，也可以透過〔**檔案**〕後台管理的〔**匯出**〕〔**建立 PDF/XPS**〕選項操作，將 Word 文件儲存成 PDF 檔案格式。

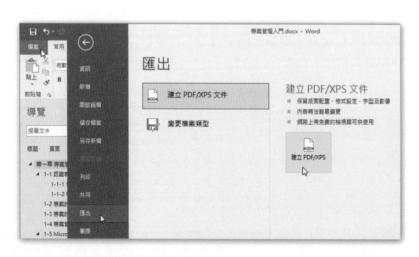

或者，透過〔**變更檔案類型**〕選項來選擇各種常用的檔案格式，進行其他檔案類型的輸出。

在〔**另存新檔**〕對話方塊的底端，點按〔**存檔類型**〕下拉式選單，即可看到 Word 所提供更完整的檔案類型，讓您可以彈性的選擇所需的存檔格式。

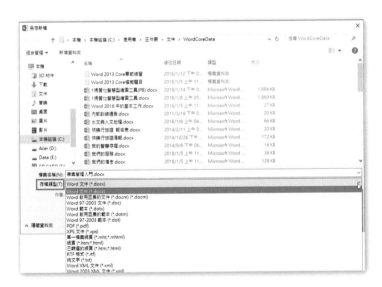

1-5-3　列印整份或部分文件

在〔列印〕頁面選項操作裡，藉由〔設定〕選項，可以輸入要列印的頁面、決定單面列印或雙面列印、是否要自動分頁、直向列印或橫向列印、紙張大小，以及每張紙張所要列印的頁數。若事先選取了部分文件，也可以選擇〔列印選取範圍〕選項，僅列印檔案裡的部分文件。

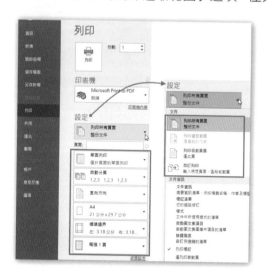

1-5-4　檢查文件是否有隱藏屬性或個人資訊 (*)

當您需要將文件檔案以任何形式傳遞給他人時，一定要養成檢查文件檔案本身與其檔案摘要資訊中，是否存在隱藏的資料訊息或個人資訊的習慣。因為這些隱藏資訊極有可能會揭露出您並不想公開的資訊或檔案詳細資料，諸如：文件裡的註解、追蹤修訂的資訊、頁首頁尾的訊息、檔案摘要資訊中的作者、文件編號、…等等檔案資訊。所以，您應該養成一個好習慣，那就是在傳遞或發佈最終的文件檔案之前，事先移除這些檔案資訊，才能放心與他人共用該份文件。

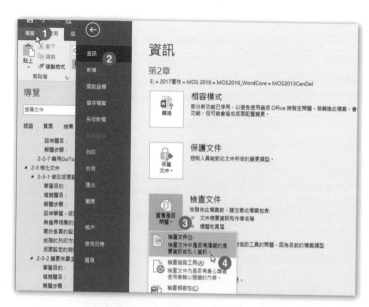

Step.1 開啟檔案後，點按〔**檔案**〕索引標籤。

Step.2 進入 Word 後台檔案管理頁面後，點按左側功能選單裡的〔**資訊**〕選項。

Step.3 點按〔**查看是否問題**〕按鈕。

Step.4 從展開的功能選單中點選〔**檢查文件**〕功能選項。

Step.5
開啟〔**文件檢查**〕對話方塊，可以在此勾選想要檢查的項目核取方塊。

Step.6
點按〔**檢查**〕按鈕。

Step.7
根據檢查的結果，可以自行決定是否要點按〔**全部移除**〕按鈕，以移除相關的資訊。

Step.8
移除所檢查到的資訊後，即可點按〔**關閉**〕按鈕。

1-5-5 檢查文件是否有協助工具問題

為了要讓文件可以更易於身心障礙使用者的閱讀，您可以透過〔協助工具〕的檢查，來確定文件中的哪些元素會使得身心障礙使用者難以閱讀，藉此加以注意和改進，以符合弱勢者的閱讀需求。例如：針對圖片的替代文字之標示，便是最常見的問題。

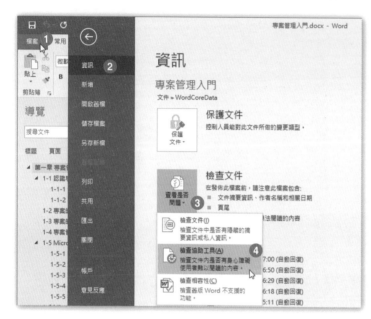

Step.1
開啟檔案後，點按〔檔案〕索引標籤。

Step.2
進入 Word 後台檔案管理頁面後，點按左側功能選單裡的〔資訊〕選項。

Step.3 點按〔查看是否問題〕按鈕。

Step.4 從展開的功能選單中點選〔檢查協助工具〕功能選項。

Step.5 畫面右側會自動開啟〔協助工具檢查程式〕工作窗格，檢查到錯誤結果時，會在此顯示每一項檢查結果。

Step.6 此範例中，檢查到文件裡的某一個資料圖庫表，以及某一張圖片並沒有設定替代文字，因此，被檢查出遺漏替代文字的錯誤，在此實作練習中，我們點選圖片項目，來解決此一檢查結果。

Step.7 在文件裡會自動選取遺漏替代文字的圖片。

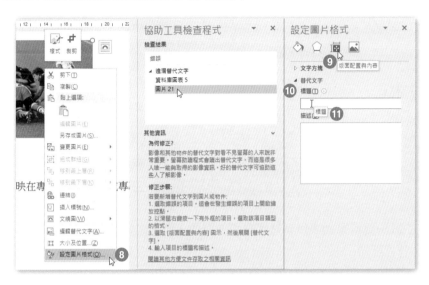

Step.8 以滑鼠右鍵點按該圖片，並從展開的快顯功能表中點選〔**設定圖片格式**〕功能選項。

Step.9 畫面右側會自動開啟〔**設定圖片格式**〕工作窗格，點選〔**版面配置與內容**〕圖示。

Step.10 點選並展開〔**替代文字**〕選項。

Step.11 點按〔**標題**〕文字方塊。

Step.12 輸入任意文字，例如：「正集團 (Scrum)」。

Step.13 立即解決圖片沒有替代文字的問題。

Step.14

再點選此範例中另一個檢查到的錯誤：資料庫圖表，來解決此一檢查結果。

Step.15

點按〔**替代文字**〕下方的〔**標題**〕文字方塊。

Step.16

輸入任意文字，例如：「專案管理三要素」。

Step.17 立即解決資料庫圖表沒有替代文字的問題，也完成並解決所有違背協助工具的問題。

1-5-6　檢查文件是否有相容性問題

前後版本的相容性是大家最在意的，使用新版本的 Word 2016 可以開啟並編輯舊版本的 Word 檔案格式，然後以它的現有格式進行儲存，並可藉由 Word 2016 所具備的相容性檢查程式和檔案轉換程式，讓您在不同版本的 Word 之間輕鬆共用檔案。透過相容性檢查程式，可以確定檔案裡是否有使用舊版 Word 不支援的功能，在儲存檔案時，相容性檢查程式也會報告這些功能，並讓您移除這些功能後再繼續進行儲存。

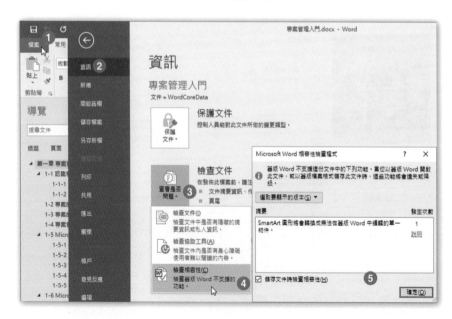

Step.1 點按〔**檔案**〕索引標籤。

Step.2 開啟 Word 後台管理頁面,點按〔**資訊**〕選項。

Step.3 點按〔**資訊**〕頁面裡的〔**查看是否問題**〕按鈕。

Step.4 從展開的功能選單中點選〔**檢查相容性**〕。

Step.5 立即執行 Microsoft Word 相容性檢查程式,檢查文件裡舊版本並不支援的功能。

至於尚在使用舊版本的 Word 軟體,是否可以開啟新版本的 Word 2016 格式之檔案呢?答案是肯定的!只要至微軟網站下載必要的檔案轉換程式,即「**Office 2016 檔案格式相容性套件**」,便可以在舊版的 Word 中,開啟 Word 2016 的檔案。

實作 練習 ●

➤ 開啟〔**練習 1-5.docx**〕文件檔案:

1. 檢查文件並移除所有檢查到的頁首、頁尾、浮水印。以及尋獲的個人私密資訊。

解

Step.1 開啟檔案後,點按〔**檔案**〕索引標籤。

Step.2 進入 Word 後台檔案管理頁面後,點按左側功能選單裡的〔**資訊**〕選項。

Step.3 點按〔**查看是否問題**〕按鈕。

Step.4 從展開的功能選單中點選〔**檢查文件**〕功能選項。

Step.5 開啟〔**文件檢查**〕對話方塊，確認勾選〔**文件摘要資訊與私人資訊**〕以及〔**頁首、頁尾及浮水印**〕等兩個核取方塊（其餘核取方塊維持預設狀態，不要更動）。

Step.6 點按〔**檢查**〕按鈕。

Step.7 點按〔**文件摘要資訊與私人資訊**〕右側與〔**頁首、頁尾及浮水印**〕右側〔**全部移除**〕按鈕。

Step.8 點按〔**關閉**〕按鈕。

2. 將整份文件發佈為 PDF 檔案格式，並隨即開啟此 PDF 檔案。

解

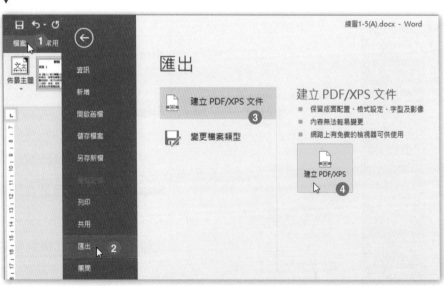

Step.1 點按〔**檔案**〕索引標籤。

Step.2 進入 Word 後台管理頁面，點按左側功能選單裡的〔**匯出**〕選項。

Step.3 點按〔建立 PDF/XPS〕選項。

Step.4 點按〔建立 PDF/XPS〕按鈕。

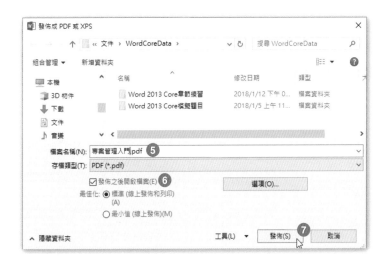

Step.5 開啟〔**發佈成 PDF 或 XPS**〕對話方塊，輸入檔案名稱「專案管理入門」。

Step.6 勾選〔**發佈之後開啟檔案**〕核取方塊。

Step.7 點按〔**發佈**〕按鈕。

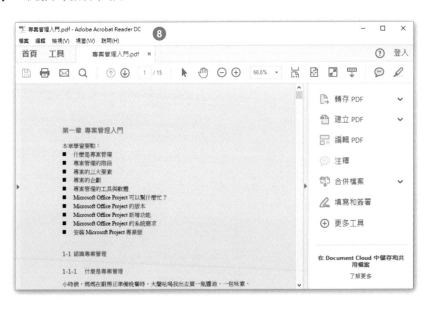

Step.8 自動以 PDF 閱讀器開啟匯出的 PDF 檔案。

Chapter 02 | 格式化文字、段落和章節

　　文字的字型格式包括了字體、字型、字的大小、字的顏色、字元比例、文字的底線樣式、強調標記、刪除線效果、上標與下標效果、大小寫格式、字距控制⋯等設定。而段落格式指的是整個段落在版面上的縮排、對齊、段落間距、行距、定位點、文件流向控制與體裁等設定。此外，多欄排版與章節的設計、分頁分節的控制，也都是不能不會的重要排版技能。

2-1 插入文字和段落

編輯文章的過程，總免不了會修修改改，除了添增新的文字、表格，或者刪除不需要的內容外，一次更替眾多雷同的內容或格式化也是常有的事。此外，文章的內容除了一般的文字、數字外，諸如：頁碼、系統日期、檔案名稱、…等特殊的資料，也常見於文件內容或頁首頁尾等特定文件區域裡，也都會有編輯與格式化的需求。

2-1-1 文字的插入與編輯

雖說 Word 不是一個標準的排版軟體，但絕對堪稱最佳也最為友善的文書編輯工具，在進行文件編輯的過程中，透過滑鼠的點按、拖曳，或者鍵盤按鍵的操作，即可輕鬆變更文字插入位置，或選取文件中的指定文字，以便進行文字的插入、刪除、剪貼、格式效果等設定。例如：利用滑鼠游標的點按或鍵盤方向鍵的操作，即可迅速控制文字插入游標的移動，隨心所欲地在文章的字裡行間進行文字的輸入 (插入)。在編輯文件時，除了可自行輸入文字、插入圖表、繪製圖案外，也可插入原有的 Word 文件，此時，除了透過複製、貼上的操作外，直接匯入整份 Word 文件也是輕而易舉的事。

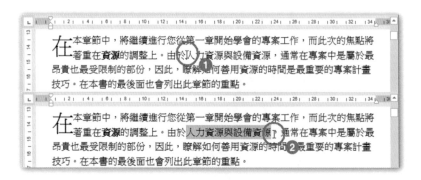

Step.1 先將滑鼠指標移至想要選取的文字之第一個字之前。

Step.2 按住滑鼠左鍵不放，輕鬆拖曳至想要選取的文字之最後一個文字，當選取的文字呈現灰底效果時，即表示您已經成功選取該文字了，此時，即可放開滑鼠左鍵。

至於要如何取消文字的選取呢？只要利用滑鼠指標點按一下非選取範圍，也就是點按一下不是反白的地方，或者按一下鍵盤上的任一方向按鍵，即可取消該文字的選取。

滑鼠點按配合鍵盤按鍵選取文字內容

除了利用滑鼠拖曳操作可以輕易選取文字外，也可以透過鍵盤按鍵的使用，快速地選取所要的文字。

Step.1
先將滑鼠指標移至想要選取的文字之第一個字之前並點按一下，即可看到垂直線條閃爍的文字插入游標。

Step.2 接著，按住 Shift 按鍵不放。

Step.3 再將滑鼠指標移至想要選取的文字之最後一個文字之後並點按一下。

Step.4 即可看到選取的文字已經呈反白效果了，此時，即可放開 Shift 按鍵。

或者，在文字游標移動到指定處時，按住 Shift 按鍵不放，也可以按下鍵盤上的方向鍵來進行選取文字的操作。

多重選取文件範圍

您也可以透過多重選取文字範圍的操作，選取文件中不連續的區域，讓您可以更容易地處理文件內不同位置的文字。例如：將不連續的文字範圍設定成同一種文字格式效果。此時，只要先以滑鼠選取文件裡的文字後，按住 Ctrl 按鍵不放，即可再以滑鼠拖曳選取文件裡的另一個文件範圍。依此類推，以達到選取多個不連續範圍的目的。

迅速選取整行或整段文字

將滑鼠指標移至文章左側空白處，也就是版面設定的左邊界時，滑鼠指標呈現為白色朝右上角的箭頭狀，此時，點按滑鼠左鍵時可以迅速選取整行或整段文字喔！

滑鼠指標移至文章左側空白處，滑鼠指標呈現為白色朝右上角的箭頭狀。

點按一下滑鼠左鍵，可以立即選取整行文字。

若是點按兩下滑鼠左鍵，可以立即選取整段文字。

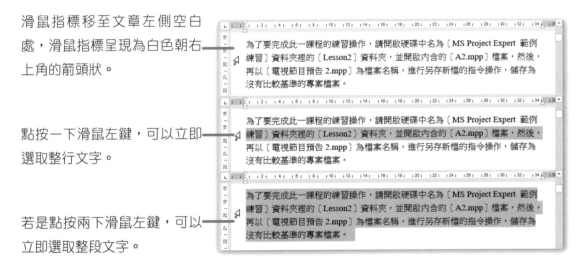

您也可以試著思考看看，滑鼠指標移至文章左側空白處，若是點按三下滑鼠左鍵，可以立即選取多大的篇幅呢？至於，為什麼要選取文件內的文字呢？其實不外乎是想要對選取的文字進行諸如：更改選取的文字、刪除選取的文字、複製選取的文字、搬移選取的文字、格式化選取的文字。例如：若要更改選取的文字，最簡單的操作便是在選取該文字後，直接再鍵入新的文字，即可立即取代更換。

2-1-2　尋找並取代文字 (***)

文件裡若有大量的相同文字要修改時，如果僅能一個個逐一檢視、編輯，會是多麼沒有效率啊！因此，如何迅速搜尋指定的文字並修改成特定的文字，將是不可不學的基本文件編輯技巧。例如：下列的文件中包含了許多錯別字 " 銷耗綠 " 必須改成正確的拼字 " 消耗率 " ，您可以透過以下的操作程序迅速進行指定文字的更替。

Step.1 點按〔**常用**〕索引標籤。

Step.2 點按〔**編輯**〕群組裡的〔**取代**〕命令按鈕。

Step.3 開啟〔**尋找及取代**〕對話方塊，並切換至〔**取代**〕索引標籤。

Step.4 在〔**尋找目標**〕文字方塊裡輸入「銷耗綠」。

Step.5 在〔**取代為**〕文字方塊裡輸入「消耗率」。

Step.6 點按〔**全部取代**〕按鈕。

Step.7

顯示一共取代了 19 筆資料，點按〔**確定**〕按鈕。

Step.8

回到〔**尋找及取代**〕對話方塊，點按〔**關閉**〕按鈕。

TIPS & TRICKS

當然，我們並不會無緣無故地找尋文稿中的特定文字，一定是有著特別的目的或需求。例如：您想知道文稿中有沒有談到某位人士或某種事物，此時，您就可以進行文字的尋找操作。此外，當您完成了一篇文稿後，突然發覺其中有個文句打錯了，或是想改變這個文句的格式，則所要進行的操作就不僅僅只是文字的尋找而已了，您還必須設定找到後的文句，是要以什麼正確的文句來取代，或者是什麼樣子的格式效果來改變。這類操作就要善用〔尋找〕〔取代〕的功能操作了。

TIPS & TRICKS

指定特殊字元的搜尋與取代

在〔尋找及取代〕對話方塊中，若是點按〔尋找下一個〕按鈕，會立即尋找本文裡下一個符合搜尋標準的文字並將此文字反白，若此時點按〔取代〕按鈕，即可將尋獲的文字立即進行取代新文字與新字型格式的操作。依此類推，每點按一下〔尋找下一個〕按鈕，就可以繼續尋找下一個標的。不過，當您點按的是〔全部取代〕按鈕時，即會自動完成文中所有文字的尋找與取代操作。此外，〔尋找及取代〕對話方塊中左下角除了提供有〔格式〕按鈕，可設定想要尋找或取代的文字格式外，亦提供有〔指定方式〕按鈕，可以選擇尋找特殊的字元標記、段落標記、符號、功能變數、圖形、分欄符號分頁分節控制、…等等特殊的標的物。

2-1-3 剪下、複製並貼上文字 (****)

不論是文字、表格、插圖,或文件內的其他物件,都可以利用傳統的編輯工具按鈕,或者輕巧的滑鼠拖曳操作、快捷按鍵的點按,進行資料的搬移與複製。

傳統的功能選單工具按鈕

在功能區的操作環境裡,剪剪貼貼的複製與貼上,算是常用的功能,因此,位於〔**常用**〕索引標籤裡的〔**剪貼簿**〕群組內。只要您選取文件裡的文字、圖片、表格或任意物件,即可點按這裡的命令按鈕。

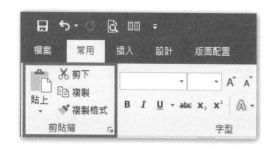

命令按鈕	相對應的快捷鍵	功能
剪下	Ctrl + X	將選取的文字或物件複製到剪貼簿內,但是原本所選取的文字或物件將自文件內刪去。
複製	Ctrl + C	將選取的文字或物件複製到剪貼簿內,而且原本所選取的文字或物件仍保留在文件內。
貼上	Ctrl + V	將剪貼簿裡最近所複製的內容,複製到文件內目前文字插入游標所在之處。

其中,〔**貼上**〕命令按鈕可分成上、下兩半部的不同功能操作。例如:在選取並複製內文裡的資料後,滑鼠游標可以停在〔**貼上**〕命令按鈕的上半部按鈕或下半部按鈕,進行不同的貼上需求。

當您點按〔**貼上**〕命令按鈕的上半部按鈕時,會立即貼上剪貼簿裡的資料。

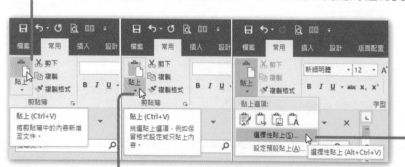

透過貼上選項的下拉式功能選單,讓您選擇要如何貼上剪貼簿裡的資料。

若是點按〔**貼上**〕命令按鈕的下半部按鈕,則立即展開貼上選項的下拉式功能選單。

貼上選項的操作

此外,這個貼上選項的下拉式功能選單,所提供的貼上選項按鈕將因複製資料的不同而略有差異。例如:若複製的是文字資料,爾後想要將該文字資料複製到內文裡,則在進行貼上文字時,提供有〔**保持來源格式設定**〕、〔**合併格式設定**〕及〔**只保留文字**〕等選項。若複製的內容是圖片資料,想要將該圖片複製到內文裡,則在進行貼上圖片時,會有〔**保持來源格式設定**〕及〔**圖片**〕等兩種選項。

選取並複製文字後所提供的貼上選項。

選取並複製圖片後所提供的貼上選項。

TIPS & TRICKS

貼上選項的智慧標籤按鈕

當您剛完成貼上的操作時,不但可以在畫面上看到成功的貼上文字,也可以在該貼上文字旁看到一個智慧標籤按鈕 ,此智慧標籤按鈕隸屬於〔**貼上選項**〕的功能操作。

Step.1 選取要複製的文字。

Step.2 按下 Ctrl + C 複製按鍵。

Step.3 文字插入游標移至目的地。

Step.4 按下 Ctrl + V 貼上按鍵。

Step.5 完成貼上操作，立即顯示〔**貼上選項**〕的智慧標籤按鈕，滑鼠指標停在此智慧標籤按鈕上。

Step.6 點按〔**貼上選項**〕按鈕後可從中點選想要進行的特殊貼上操作。

在剛完成貼上操作時，會立即顯示〔**貼上選項**〕的智慧標籤按鈕。若您並未理會並操作該按鈕，則當您繼續進行其他編輯或指令操作時，此〔**貼上選項**〕智慧標籤按鈕會自動消失。反之，一旦點按了此〔**貼上選項**〕的智慧標籤按鈕，即可進行相關的操作選項。

例如：以複製文字資料進行貼上的情境來說，您可以〔**保持來源的格式設定**〕而進行貼上操作；也可以選擇〔**符合目的格式設定**〕而進行貼上；或者〔**保留純文字**〕，抑或選擇〔**套用樣式或格式設定**〕作為貼上的效果。

➤〔**保持來源的格式設定**〕：根據貼上的文字其本身原有的格式，保持其格式設定而貼到目的地處。

> 〔**符合目的格式設定**〕：忽略貼上的文字其本身原有的格式，而改以符合貼到目的地處的格式設定為依歸。

> 〔**保留純文字**〕：忽略貼上的文字其本身原有的格式，而改以純文字格式貼到目的地處。

> 〔**套用樣式或格式設定**〕：忽略貼上的文字其本身原有的格式，而從樣式與格式工作窗格中選擇套用另一個所要套用的格式。

2-1-4　使用自動校正取代文字 (*)

自動校正是一個歷史悠久的功能，簡單的說，它就是一張自動校正對照表，裡面包含了常見的錯別字與該錯別字的正確拼字，只要您在文件裡輸入的內容恰巧是這張對照表裡的錯別字，Word 便會自動為您自動更正，即以正確的拼字取而代之。例如：當您在文件裡輸入 taht 並按下空間棒 (或 Enter 按鍵) 後，Word 會自動校正為 that；您在文件裡輸入 bakc 並按下空間棒 (或 Enter 按鍵) 後，Word 會自動校正為 back。當然，所謂的錯別字，也不見得一定是錯誤的文字，也可能是一些常見的縮寫字或代碼，而在文件上鍵入這些縮寫字或代碼時，即可更正為原本的全文或代碼所代表的符號。例如：當您在文件裡輸入 (e) 後，Word 會自動校正為歐元符號€；當您在文件裡輸入 (C) 後，Word 會自動校正為版權所有符號 ©。更難能可貵的是，這張自動校正對照表是可以客製化的，也就是說，您可以自訂指定的詞彙與該詞彙所代表的原文。因此，輸入 gotop 可自動校正為「碁峰資訊股份有限公司 (GOTOP INFORMATION INC.)」的全名，再也不是一件難事！

Step.1　點按〔**檔案**〕索引標籤。

Step.2　開啟 Word 2016 的後台管理頁面後，點按〔**選項**〕。

Step.3 開啟〔Word 選項〕對話方塊，點按〔校訂〕。

Step.4 點按〔自動校正選項〕底下的〔自動校正選項〕按鈕。

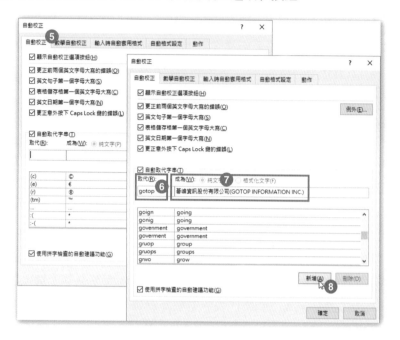

Step.5 開啟〔自動校正〕對話方塊，點按〔自動校正〕索引標籤。

Step.6 在〔取代〕文字方塊裡輸入「gotop」。

Step.7 在〔成為〕文字方塊裡輸入「碁峰資訊股份有限公司 (GOTOP INFORMATION INC.)」。

Step.8 點按〔新增〕按鈕。

Step.9 　點按〔**確定**〕按鈕，結束〔**自動校正**〕對話方塊的操作。

Step.10 　回到〔Word **選項**〕對話方塊，點按〔**確定**〕按鈕。

Step.11
在文字「我服務於」的後面輸入「gotop」，並按下空白鍵。

Step.12
立即插入對應的全文以取代「gotop」的輸入。

因此，在經常要輸入且較為冗長的文詞上，只要輸入縮寫詞便可以立即校正為正確的全文，不是很方便且有效率嗎？此外，傳統鍵盤上並沒有提供的特殊符號、常用符號，在自動校正功能裡也早已經有了預設的設定，讓您可以輕鬆完成諸如註冊符號®、版權符號© 等等特殊字元的輸入。例如：在下列這段文章中，從 " 歡迎您隨時加入遨遊世界…" 開始的句子裡，在文字 " 金讚旅遊專案 " 的後面添加一個註冊符號 (Registered Sign)。

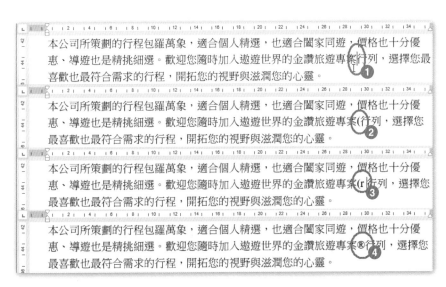

Step.1 　文字游標移至此處。

Step.2 　輸入「(」。

Step.3 　輸入「r」。

Step.4 　按下「)」後立刻校正為「®」。

其實，在〔**自動校正**〕對話方塊裡，早已經預設了許多常用的符號：

更貼心的是，這項自動校正功能可不是 Word 的專利喔！整個 Microsoft Office 家族軟體中，例如 Microsoft Excel、Microsoft PowerPoint、及 Microsoft Access 等等也均提供有這項功能並共用同一自動校正對照表，所以，當您在 Microsoft Word 環境下定義過的各組詞句，在其它 Office 家族軟體也都可直接使用，而毋需再重新定義。

2-1-5　插入特殊字元

如果有些特殊符號或字元，偶爾才會有輸入的需求，出現在文件裡的次數也並不多，此時，插入特殊字元的功能操作將會為您開啟符號表對話方塊，不論是數學運算符號、貨幣符號、羅馬符號、…盡在此中。例如：以下的示範是在文字「數學的開根號：」後面插入開根號「√」符號的操作方式。

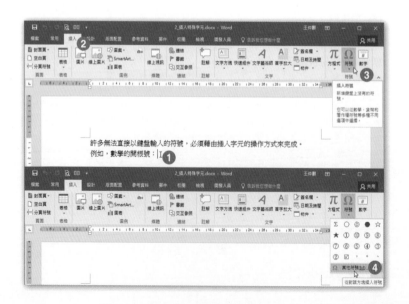

Step.1 插入文字游標移至文字「數學的開根號：」的後面。

Step.2 點按〔**插入**〕索引標籤。

Step.3 點按〔**文字**〕群組內的〔**符號**〕命令按鈕。

Step.4 從展開的符號表選單中點選〔**其他符號**〕功能選項。

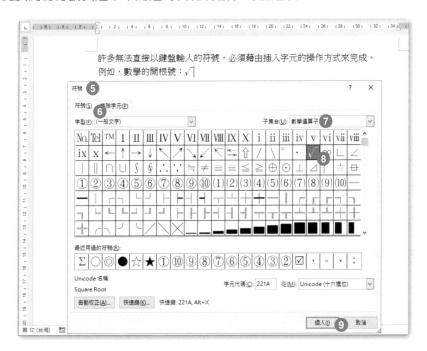

Step.5 開啟〔**符號**〕對話方塊。

Step.6 點按〔**符號**〕索引標籤。

Step.7 點選所要使用的〔**子集合**〕為〔**數學運算子**〕。

Step.8 點選所要的開根號符號「√」。

Step.9 點按〔**插入**〕按鈕。

TIPS & TRICKS

除了一般的內文輸入外，特定的文件資訊或系統資訊，都是屬於內建的屬性欄位。諸如：檔案名稱、作者姓名、頁碼、總頁數、日期、時間、…等等訊息，也都可以插入於 Word 文件之中，而這些訊息的對應也都來自同名的內建欄位。

例如：可以在文件裡插入電腦的系統日期，並指定使用西曆或中華民國曆，使得每次開啟文件時，都可以看到當下的電腦系統日期。

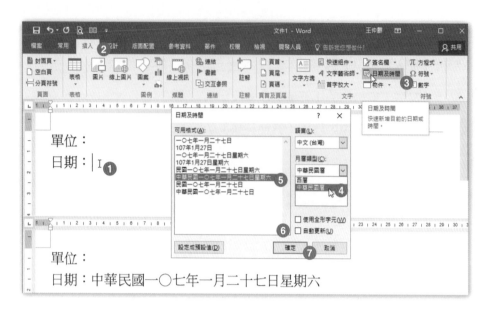

Step.1 插入文字游標移至文字「日期：」的後面。

Step.2 點按〔**插入**〕索引標籤。

Step.3 點按〔**文字**〕群組內的〔**日期及時間**〕命令按鈕。

Step.4 開啟〔**日期及時間**〕對話方塊，選取月曆類型為〔**中華民國曆**〕。

Step.5 選取所要套用的日期格式。

Step.6 勾選〔**自動更新**〕核取方塊。

Step.7 點按〔**確定**〕按鈕。

日期的語言分類，除了中文外，還提供有日文與英文可供選用。而透過〔**自動更新**〕核取方塊的勾選所插入的日期時間，將會因文件檔案的再度開啟時而自動更新最新的日期時間。此外，其他的文件屬性欄位，也都位於〔**快速組件**〕命令按鈕裡，提供使用者迅速挑選、插入至文件裡。

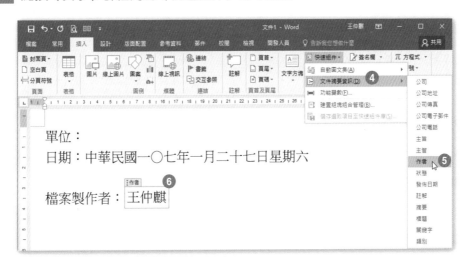

Step.1 插入文字游標移至文字「檔案製作者：」的後面。

Step.2 點按〔**插入**〕索引標籤。

Step.3 點按〔**文字**〕群組內的〔**快速組件**〕命令按鈕。

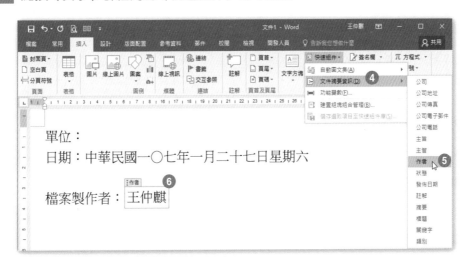

Step.4 從展開的功能選單中點選〔**文件摘要資訊**〕選項。

Step.5 再從展開的副選單中點選所要套用的文件摘要資訊。例如：「作者」。

Step.6 立即順利插入「作者」文件摘要屬性至內文。

➤ 開啟〔**練習 2-1.docx**〕文件檔案：

1. 使用 Word 的 尋找及取代 功能將所有的文字 " 迪斯耐 " 替換成 " 迪士尼 "。

Step.1 開啟文件檔案後，將文字插入游標移至內文裡的任意位置。

Step.2 點按〔**常用**〕索引標籤。

Step.3 點按〔**編輯**〕群組裡的〔**取代**〕命令按鈕。

Step.4 開啟〔**尋找及取代**〕對話方塊，在〔**尋找目標**〕文字方塊裡鍵入「迪斯耐」。

Step.5 在〔**取代為**〕文字方塊裡鍵入「迪士尼」。

Step.6 點按〔**全部取代**〕按鈕。

Step.7 顯示總共取代了多筆資料的對話訊息後，關閉此對話方塊。

2. 使將最後 1 頁裡的句子 " 此外，透過網路平台…廉價航空機位訂購服務。" 搬移至第 1 頁裡文字 " 並融合最發達的平台與評價機制：" 的下方，但是移除斜體字型格式。

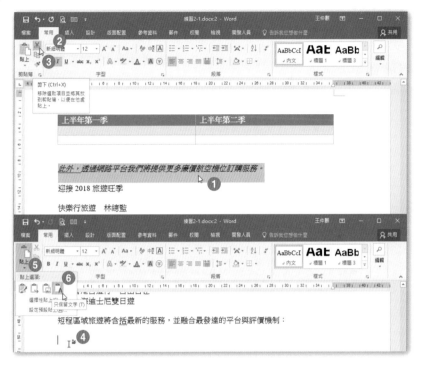

Step.1 開啟文件檔案後，選取整段文字 " 此外，透過網路平台…廉價航空機位訂購服務。"。

Step.2 點按〔**常用**〕索引標籤。

Step.3 點按〔**剪貼簿**〕群組裡的〔**剪下**〕命令按鈕。

Step.4 文字游標移至第 1 頁裡文字 " 並融合最發達的平台與評價機制：" 的下方。

Step.5 點按〔**常用**〕索引標籤裡〔**剪貼簿**〕群組內〔**貼上**〕命令按鈕的下半部按鈕。

Step.6 從展開的貼上選項清單中，點按〔**只保留文字**〕選項按鈕。

完成純文字格式的文字剪下與貼上：

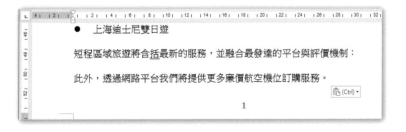

3. 剪下第 1 頁裡的標題文字 " 宗旨與服務 " 底下的第 2 段文字，並貼到第 1 頁標題 " 服務至上 " 底下的兩段文字之間。

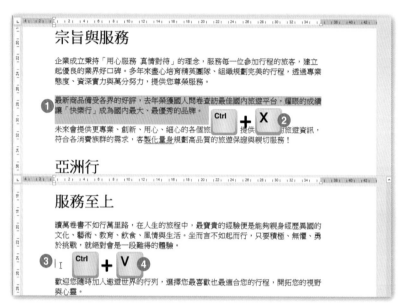

Step.1 選取第 1 頁裡標題文字 " 宗旨與服務 " 底下的第 2 段文字。

Step.2 點按鍵盤上的 Ctrl + X 按鍵。

Step.3 文字游標移至第 1 頁標題 " 服務至上 " 底下的兩段文字之間。

Step.4 點按鍵盤上的 Ctrl + V 按鍵。

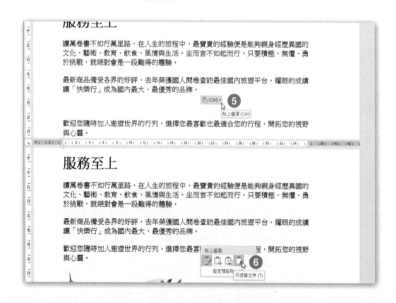

Step.5 貼上文字的當下，點按文字右下方的〔**貼上選項**〕按鈕。

Step.6 從展開的貼上選項清單中，點按〔**只保留文字**〕選項按鈕。

4. 複製最後一頁圖片上方文字 " 舒適的艙等空間絕對讓每一個旅客都備感親切。"，然後僅將未格式的文字貼到圖片下方的段落文字尾端。

Step.1 選取最後一頁圖片上方的整段文字 " 舒適的艙等空間絕對讓每一個旅客都備感親切。"

Step.2 點按鍵盤上的 Ctrl + C 按鍵。

Step.3 文字游標移至圖片下方的段落文字尾端。

Step.4 點按〔**常用**〕索引標籤裡〔**剪貼簿**〕群組內〔**貼上**〕命令按鈕的下半部按鈕。

Step.5 從展開的貼上選項清單中，點按〔**只保留文字**〕選項按鈕。

5. 設定 自動校正 讓 " New York City" . 可以取代 " NYC" 。

解

Step.1 點按〔**檔案**〕索引標籤。

Step.2 開啟 Word 2016 的後台管理頁面後,點按〔**選項**〕。

Step.3 開啟〔**Word 選項**〕對話方塊,點按〔**校訂**〕。

Step.4 點按〔**自動校正選項**〕底下的〔**自動校正選項**〕按鈕。

Step.5 開啟〔**自動校正**〕對話方塊,點按〔**自動校正**〕索引標籤。

Step.6 在〔**取代**〕文字方塊裡輸入「nyc」。

Step.7 在〔**成為**〕文字方塊裡輸入「New York City」。

Step.8 點按〔**新增**〕按鈕。

Step.9 點按〔**確定**〕按鈕，結束〔**自動校正**〕對話方塊的操作。

Step.10 回到〔Word 選項〕對話方塊，點按〔**確定**〕按鈕。

6. 在頁首的公司名稱「快樂行旅遊公司」後面添加一個註冊符號 (Registered Sign)。接著，在最後一頁底部，以版權符號 (Copyright Sign)，替代文字 "[符號]"。

解

Step.1 文字游標移至此處。

Step.2 輸入「(r」。

Step.3 按下「)」後立刻校正為「®」。

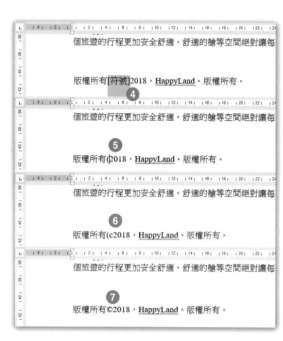

Step.4 選取最後 1 頁底部的 [符號]
文字與中括號。

Step.5 輸入「(」。

Step.6 輸入「(c」。

Step.7 按下「)」後立刻校正為
「©」。

2-2 格式化文字和段落

藉由格式化字型、段落，可以彰顯文字的外觀，以及調整版面的配置。在字型格式化上可進行諸如：字體、字型、字距、字的顏色、大小等設定；至於段落格式則掌管對齊、縮排、定位點、段落分頁控制、…等格式設定。配合醒目文字、文字藝術師、…即可建立符合排版規範與視覺化需求的文件。

2-2-1 套用字型格式設定 (*)

在字型格式的操作上，可以點按功能區裡〔**常用**〕索引標籤下〔**字型**〕群組內的各種字型格式命令按鈕，在文件裡的選取文字上輕鬆套用字型格式與效果。或者，點按〔**字型**〕對話方塊啟動器，亦可開啟功能最完備的〔**字型**〕對話方塊，進行各種字型效果的設定。

例如:在〔**字型**〕對話方塊的操作中,除了〔**字型**〕索引標籤的對話操作外,還有〔**進階**〕索引標籤的對話操作,可以讓您進行字元間距的調整。其中,包含了縮放比例的設定、字元與字元之間的間距點數設定,以及字元垂直位置的設定。

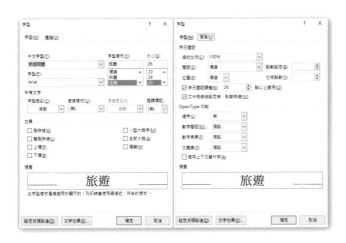

TIPS & TRICKS

迷你工具列

在文件裡使用滑鼠完成選取文字的當下,選取處的右上方會立即顯示迷你工具列,提供有常用的字型、字型大小、注音標示、複製格式、樣式,以及粗體、斜體、底線、文字醒目提示色彩、字型色彩、項目符號與編號等工具按鈕,可以讓您迅速立即套用在選取的文字上。

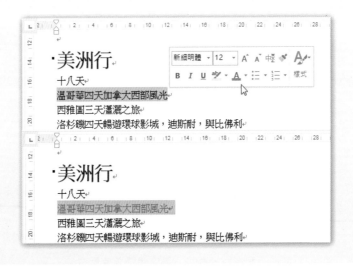

2-2-2　使用複製格式套用格式設定

除了親自選取文字，進行格式的設定外，對於已經完成格式設定的文字，也可以在選取後，複製其格式，將其格式套用在其他文字上，以省去再度格式化文字的冗長操作過程。

例如：以下的實作演練，會將第一段文字「快樂行旅遊公司」中的局部文字「快樂行」，將其格式複製並套用在下方段落文字尾端的「快樂行 (Happy Travel)」文字上。

Step.1　選取第一段標題文字「快樂行」。

Step.2　點按〔**常用**〕索引標籤。

Step.3　點按〔**剪貼簿**〕群組裡的〔**複製格式**〕命令按鈕。

Step.4　此時滑鼠指標將帶有一把刷子形狀，表示已經進入複製格式狀態。

Step.5　拖曳選取文中插圖上方的一段文字「快樂行 (Happy Travel)」。

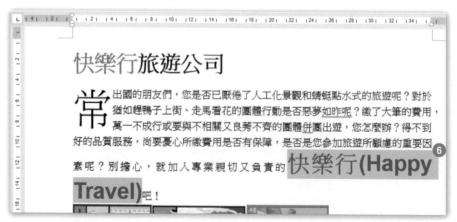

Step.6　將原先複製的格式立即套用在選取的文字上 (刷子刷過的文字隨即套用了複製的格式)。

2-2-3 設定行與段落的間距與縮排 (*)

段落的格式設定含括了整段文字的左、中、右對齊與兩側對齊，也包含了段落與段落之間的前後段間距、同一段落文字裡的各行文字之行距設定、縮排設定，以及段落與分行、分頁之間的控制。例如：以下的實例演練是調整指定的段落文字為 1.5 倍行高的行距。

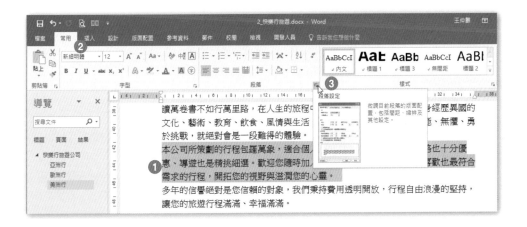

Step.1 選取整段文字。

Step.2 點按〔**常用**〕索引標籤。

Step.3 點按〔**段落**〕群組名稱旁的對話方塊啟動器。

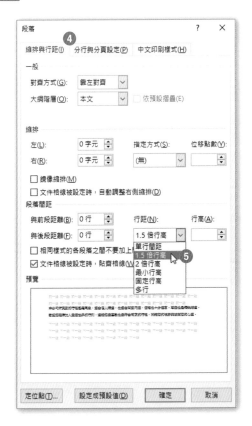

Step.4

隨即開啟〔**段落**〕對話方塊，並切換到〔**縮排與行距**〕索引標籤。

Step.5

例如：點選〔**段落間距**〕底下的行距設定，選擇「1.5 倍行高」。

完成段落格式的設定，順利調整了該段落的間距：

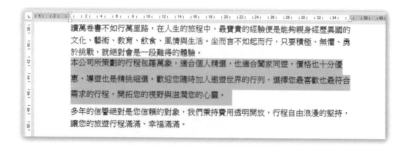

TIPS & TRICKS

所謂的段落格式指的是整個段落在版面上的縮排、對齊、段落間距、行距、定位點、文件流向控制、體裁等設定。藉由〔段落〕對話方塊的功能操作，可以進行諸如：對齊方式、段落大綱階層格式、縮排格式、首行縮排格式、種段落間距等格式設定上。

此外，段落的縮排設定也是在排列文件時經常使用的操作技巧，可以調整段落的篇幅與版面配置。常見的段落縮排指定方式有第一行縮排、凸排以及左右兩側內縮等格式效果。例如：以下的段落縮排是將選取段落的首行，縮排 2 個字元的距離。

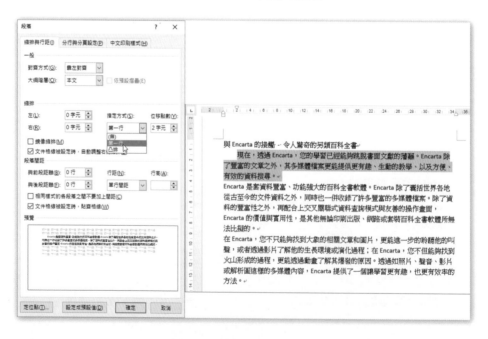

以下的段落縮排則是將選取段落的首行，指定朝左凸排 2 個字元的距離。

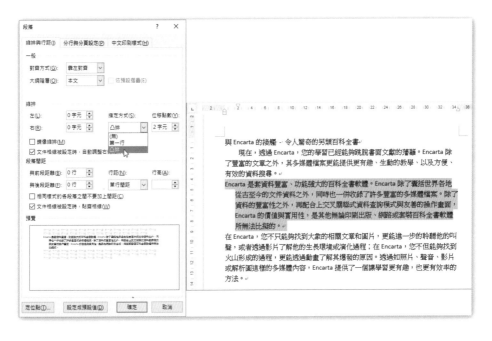

至於下方這個範例，則是在縮排設定上，設定［左］縮排「3字元」、［右］也是「3字元」的距離。

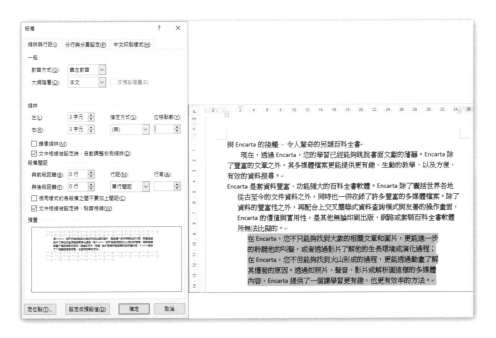

2-2-4　清除格式設定 (*)

對於已經格式化的文字，不論其格式有多複雜，只要點按［清除所有格式設定］命令按鈕，即可一鍵清除所有格式設定。

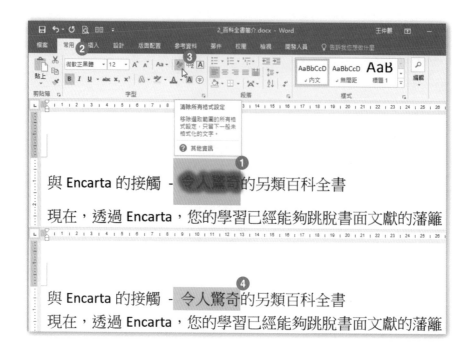

Step.1 選取文字「令人驚奇」。

Step.2 點按〔**常用**〕索引標籤。

Step.3 點按〔**字型**〕群組裡的〔**清除所有格式**〕命令按鈕。

Step.4 立即移除選取文字的格式設定。

TIPS & TRICKS

在選取文字後，以滑鼠右鍵點按選取文字時，所展開的快顯功能表中，點按〔**樣式**〕按鈕，在樣式選單裡也提供有〔**清除格式設定**〕的選擇。

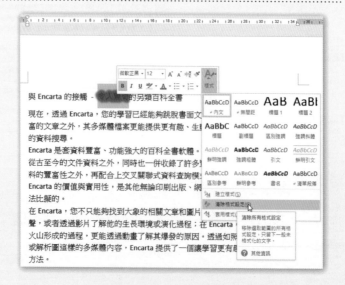

2-2-5 將文字醒目提示色彩套用至文字選取範圍 (*)

猶如使用螢光筆般,在紙本的書籍上可以繪製標記重點,在 Word 電子文件上,亦可使用文字醒目提示色彩功能,讓選取的文字可以更引人注目,強化文件裡特定的重點內容。

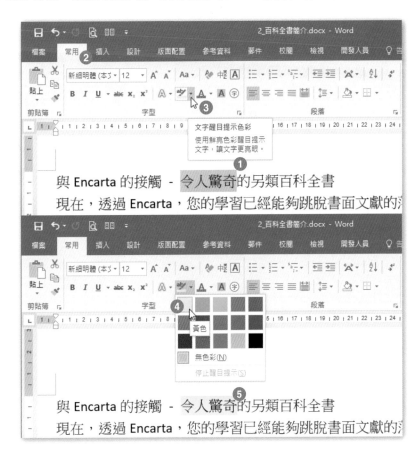

Step.1　選取內文裡的重點文字「令人驚奇」。

Step.2　點按〔**常用**〕索引標籤。

Step.3　點按〔**字型**〕群組裡的〔**文字醒目提示色彩**〕命令按鈕右側的三角形按鈕。

Step.4　從展開的色彩選單中點選〔**黃色**〕。

Step.5　猶如螢光筆般地標記重點文字。

2-2-6　套用內建樣式至文字 (*)

樣式 (Style) 可說是文字格式化的重要根基，樣式包含了字元樣式 (Font Style) 與段落 (Paragraph Style) 樣式，根據內建或自訂的樣式來格式化文件，將可以加快文件的格式化操作，也可以讓格式化的文件更具備一致性的外觀與視覺化，作為標準化文件的製作準則。

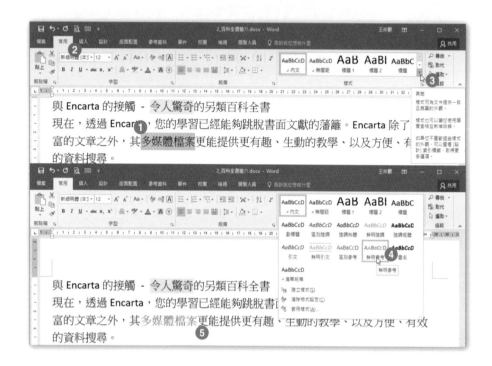

Step.1　選取指定的文字。

Step.2　點按〔**常用**〕索引標籤。

Step.3　點按〔**樣式**〕群組旁的〔**其他**〕樣式按鈕。

Step.4　從展開的樣式圖庫中點選所要套用的內建樣式或自訂樣式。例如：內建的〔**鮮明參考**〕樣式。

Step.5　完成選取文字套用內建〔**鮮明參考**〕樣式的操作。

2-2-7　將文字變更為文字藝術師 (*)

除了傳統的文字與文字格式設定外，**Word** 也提供了文字藝術師功能，可以讓使用者將選取的文字變更文文字藝術師物件，套用現成的文字藝術師效果，尤其是讓文件裡的標題文字更具藝術性及可看性。

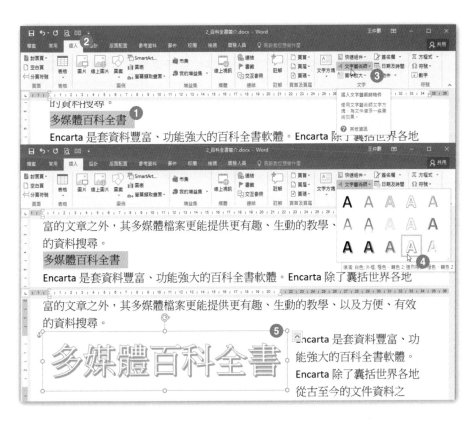

Step.1 選取文件裡的標題文字「多媒體百科全書」。

Step.2 點按〔**插入**〕索引標籤。

Step.3 點按〔**文字**〕群組裡的〔**文字藝術師**〕命令按鈕。

Step.4 從展開的文字藝術師圖庫選單中點選〔**填滿：白色，外框：橙色，輔色 2，強烈陰影：橙色，輔色 2**〕。

Step.5 選取的文字變成格式化的文字區塊，添增文件的美術視覺效果。

文字藝術師是屬於一種文字方塊，可為文字添增視覺化效果，建立後，可藉由〔**繪圖工具**〕底下的〔**格式**〕索引標籤，進行圖案樣式的變更、文字藝術師樣式的選擇、文字對齊的設定；整個文字藝術師物件的對齊、旋轉、大小的設定，以及位置排列與文繞圖設定。

實作
練習

➤ 開啟〔**練習 2-2.docx**〕文件檔案：

1. 對於第 1 頁的文字 " 三大地區地形 " 套用粗體字型樣式、藍色粗底線，並調整字型大小為 14。

解

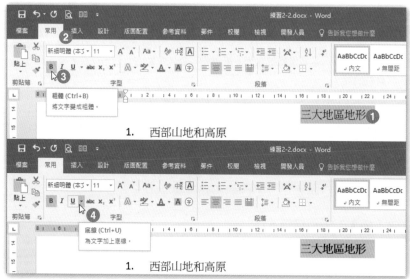

Step.1 選取第 1 頁的文字 " 三大地區地形 "。

Step.2 點按〔**常用**〕索引標籤。

Step.3 點按〔**字型**〕群組裡的〔**粗體**〕命令按鈕。

Step.4 點按〔**字型**〕群組裡的〔**底線**〕命令按鈕旁的三角形下拉式選項按鈕。

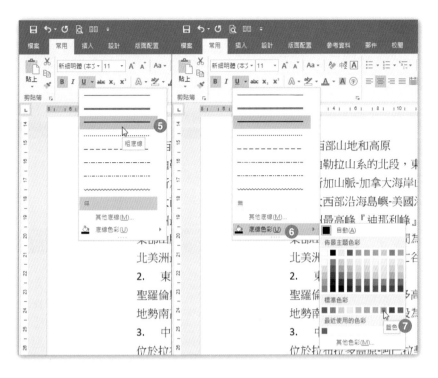

Step.5 從展開的下拉式選單中點選〔**粗底線**〕。

Step.6 再次點按底線的三角形下拉式選項按鈕後點選〔**底線色彩**〕。

Step.7 從展開的色盤副選單中點選〔**藍色**〕。

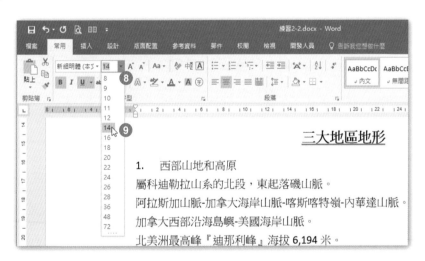

Step.8 點按〔**字型**〕群組裡的〔**字型大小**〕命令按鈕旁的三角形下拉式選項按鈕。

Step.9 從展開的下拉式選單中點選〔**14**〕。

2. 格式化位於第 1 頁頂端的文字 " 認識北美 " 為文字藝術師,並套用〔漸層填滿:藍色,輔色 5;反射〕樣式,並設定此文字藝術師在文件裡置中對齊。

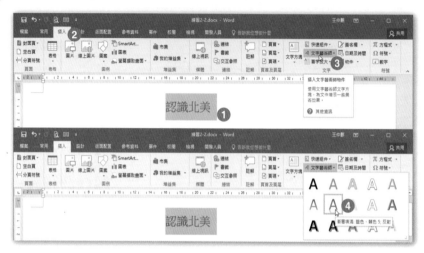

Step.1 選取文件裡第 1 頁頂端的標題文字「認識北美」。

Step.2 點按〔**插入**〕索引標籤。

Step.3 點按〔**文字**〕群組裡的〔**文字藝術師**〕命令按鈕。

Step.4 從展開的文字藝術師圖庫選單中點選〔**漸層填滿 – 藍色,輔色 5;反射**〕。

Step.5 選取的文字變成格式化的文字區塊,點選此文字藝術師物件。

Step.6 點按〔**繪圖工具**〕底下的〔**格式**〕索引標籤。

Step.7 點按〔**排列**〕群組裡的〔**位置**〕命令按鈕。

Step.8 從展開的選單中點選〔**上方置中矩形文繞圖**〕。

3. 對於第 2 頁的標題文字 " 農作 " 以及第 3 頁的標題文字 " 經濟 " 套用〔**鮮明引文**〕樣式。

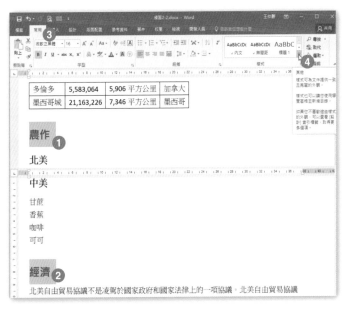

Step.1 選取第 2 頁的標題文字 " 農作 "。

Step.2 按住 Ctrl 按鍵後複選第 3 頁裡的標題文字 " 經濟 "。

Step.3 點按〔**常用**〕索引標籤。

Step.4 點按〔**樣式**〕群組旁的〔**其他**〕樣式按鈕。

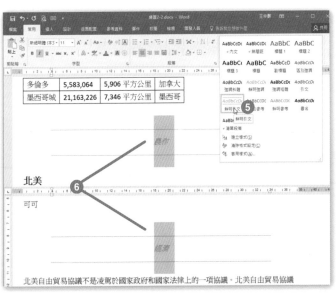

Step.5 從展開的樣式圖庫中點選所要套用的〔**鮮明引文**〕樣式。

Step.6 完成選取文字套用內建〔**鮮明引文**〕樣式的操作。

4. 對於第 1 頁內文裡的 " 北美洲最高峰 " 為首的整列文字，設定為亮綠色的文字醒目提示色彩。

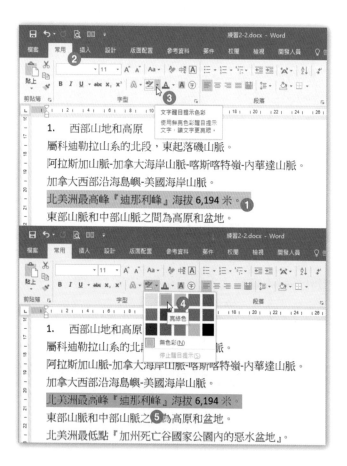

Step.1 選取第 1 頁內文裡的 " 北美洲最高峰…" 整列文字。

Step.2 點按〔**常用**〕索引標籤。

Step.3 點按〔**字型**〕群組裡的〔**文字醒目提示色彩**〕命令按鈕右側的三角形按鈕。

Step.4 從展開的色彩選單中點選〔**亮綠色**〕。

Step.5 完成文字醒目提示色彩的設定。

5. 調整在第 1 頁正下方的 "[公司]"、"[公司地址]"、"[公司電話]" 與 "[公司電子郵件]" 的段落間距，設定行距為 22 點的固定行高。

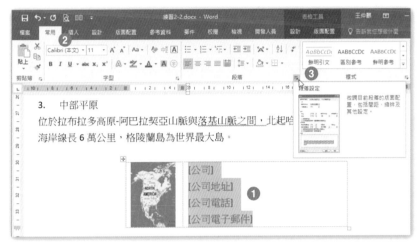

Step.1 選取第 1 頁內文下方的 "[公司]"、"[公司地址]"、"[公司電話]" 與 "[公司電子郵件]" 等四段文字。

Step.2 點按〔**常用**〕索引標籤。

Step.3 點按〔**段落**〕群組旁的對話方塊啟動器按鈕。

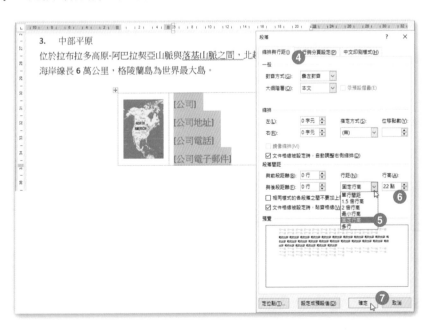

Step.4 開啟〔**段落**〕對話方塊並點選〔**縮排與行距**〕索引標籤。

Step.5 點選行距為〔**固定行高**〕。

Step.6 輸入行高規格為〔**22 點**〕。

Step.7 點按〔**確定**〕按鈕。

6. 對於第 1 頁的文字 " 北美在地圖上被單獨區分出來要追溯到 1755 年。" 移除所有格式設定。

Step.1 選取第 1 頁裡的文字 " 北美在地圖上被單獨區分出來要追溯到 1755 年。"

Step.2 點按〔**常用**〕索引標籤。

Step.3 點按〔**字型**〕群組裡的〔**清除所有格式**〕命令按鈕。

Step.4 立即移除選取文字的格式設定。

7. 對於第 2 頁文字 " 北美都市圈 " 套用〔**位移：**〕右上方對角位移的陰影效果。

解

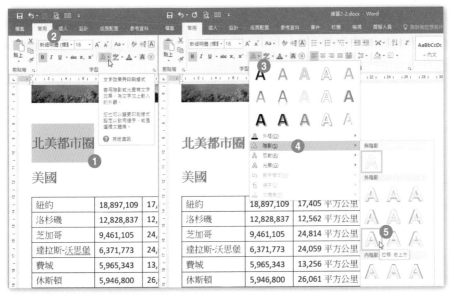

Step.1 選取第 2 頁裡的標題文字 " 北美都市圈 "。

Step.2 點按〔**常用**〕索引標籤。

Step.3 點按〔**字型**〕群組裡的〔**文字效果與印刷樣式**〕命令按鈕。

Step.4 從展開的功能選單中點選〔**陰影**〕。

Step.5 再從展開的陰影副功能選單中點選外陰影裡的〔**位移：右上方**〕選項。

2-3 設定文字和段落的順序和群組

多欄排版一直是專業版面設計與排版設計中常見的一種風格，在 Word 操作環境中這也是一個非常簡單的基本功。長篇文章對於分頁與分節的設定，以及分節分頁的差異，也是學習 Word 時不可不會的技巧，因為，若要以章節單位來區隔內文時，透過分節分頁來控制章節的分隔，將是不錯的排版選擇。至於在多頁文件的排版過程中，除了儘量避免同一個段落裡的文字分散在前後兩頁外，尤其更應該儘量避免僅有段落的首行或尾行排版到另一頁。

2-3-1 將文字格式設定為多欄 (**)

多欄排版常見於報章雜誌的版面配置，在 Word 的環境下，若要達到多欄排版的設定，必須先進行分節 (Section) 的設定，因為，不同的節才能達到不同多欄排版需求。而在〔**版面配置**〕索引標籤裡的〔**欄**〕命令按鈕，不但可以為您新增多欄位的排版，也會自動建立分節的設定。

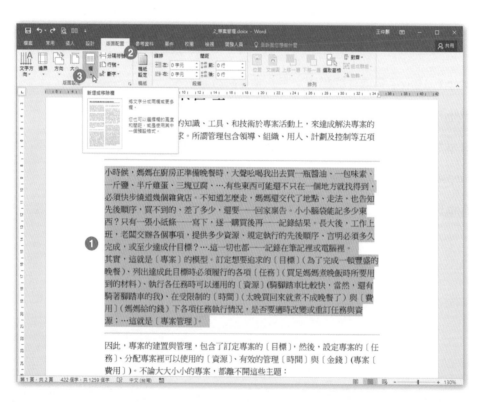

Step.1 選取內文裡從「小時候…」開始到「這就是〔專案管理〕。」的兩段文稿。

Step.2 點按〔**版面配置**〕索引標籤。

Step.3 點按〔**版面配置**〕群組裡的〔**欄**〕命令按鈕。

三欄版面配置之前的文字仍屬於第 1 節。

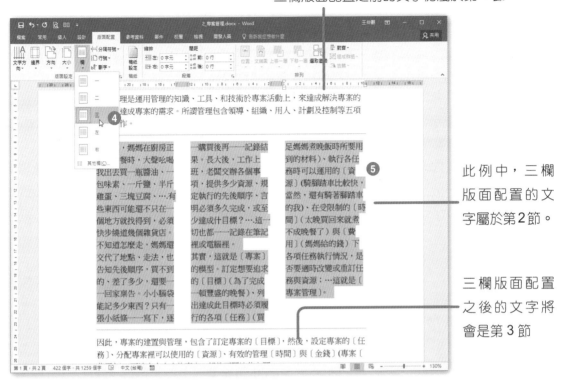

此例中，三欄版面配置的文字屬於第2節。

三欄版面配置之後的文字將會是第 3 節

Step.4　從展開的多欄排版功能選單中點按〔三〕選項。

Step.5　選取的內文立即完成三欄排版。

在多欄排版的設定上，也可以透過〔欄〕對話方塊的操作，調整每一欄的篇幅、欄與欄之間的距離，以及是否需要欄與欄之間的分隔線條。

Step.1　點按〔版面配置〕索引標籤。

Step.2 點按〔**版面設定**〕群組裡的〔**欄**〕命令按鈕。

Step.3 從展開的多欄排版功能選單中點按〔**其他欄**〕選項。

Step.4 開啟〔**欄**〕對話方塊，可在此設定欄數、逐一或同時調整每一欄的寬度、欄與欄之間的間距，以及是否需要欄與欄之間的分隔線條。

2-3-2　插入分頁 (**)

對於長篇的文章，Word 會自行進行分頁的控制，而每頁的篇幅則由紙張的大小、頁邊界與頁首頁尾的寬窄等數據來決定。不過，您也可以利用手動操作，來進行分頁的操作，也就是說，您可以任意的在文稿中進行強迫分頁。要在文章中進行強迫分頁的操作方式有兩種：

1. 文字插入游標先移至要進行分頁的地方，直接按下 Ctrl + Enter 鍵。

Step.1 將文字插入游標移至第 1 頁標題文字「進行專案的共同作業」之前。

Step.2 直接按下 Ctrl + Enter 鍵。

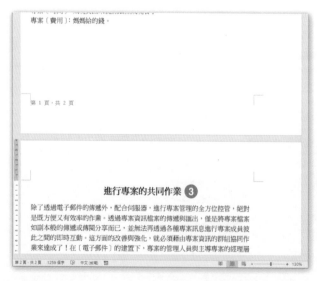

Step.3

標題文字「進行專案的共同作業」以後的內文已經移至下一頁。

2. 將文字插入游標移至要進行分頁的地方，點按〔**版面配置**〕索引標籤裡〔**版面設定**〕群組內的〔**分隔設定**〕命令按鈕，再從展開的功能選單中點選〔**分頁符號**〕底下的〔**分頁符號**〕選項。

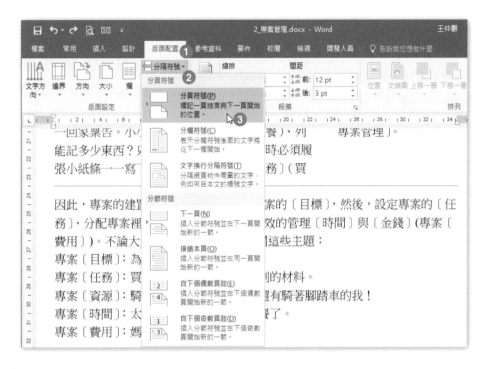

Step.1 點按〔**版面配置**〕索引標籤。

Step.2 點按〔**版面設定**〕群組裡的〔**分隔符號**〕命令按鈕。

Step.3 從展開的分隔設定功能選單中點按〔**分頁符號**〕選項，這便是一種強迫式的手控分頁。

2-3-3 變更章節的版面設定選項 (****)

對於 2-3-1 所提及的多欄文字的排版，Word 會自動建立文件的分節 (Section)，因為，不同的節才能有不同的多欄排版效果。因此，在 Word 的文件排版功能中，分節是一件很重要的事，然而，分節的目的也不僅僅是為了多欄排版而已。基本上，在文件中進行分節會有以下幾種因素：

➤ 不同的節，可以設定不同的多欄排版。

➤ 不同的節，紙張的方向可以不同。

➤ 不同的節，可以設定不同的頁首與頁尾。

➤ 不同的節，頁碼可以重編。

➤ 不同的節，可以設定不同的頁面邊框。

➤ 不同的節，可以重編行號。

例如：以下的範例演練，我們將從第 5 頁開頭的標題文字「後排管理頁面」開始進行分節並分頁的設定，然後，在第 10 頁的標題文字「2-2 使用 Web App…」之前，也進行分節並分頁的設定，如此，標題文字「後排管理頁面」之前為第 1 節、之後即為第 2 節，直至第 10 頁的標題文字「2-2 使用 Web App…」之前為止，而標題文字「2-2 使用 Web App…」之後將成為第 3 節。最後，再將第 2 節裡的多頁文稿，變更紙張方向為橫式的版面配置。

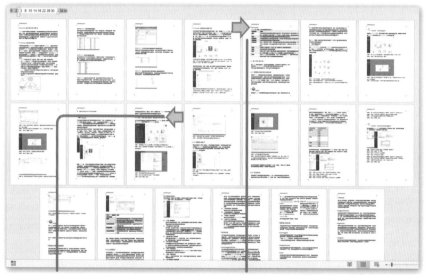

在此進行分節並分隔至下一頁的操控。　　在此進行分節並分隔至下一頁的操控。

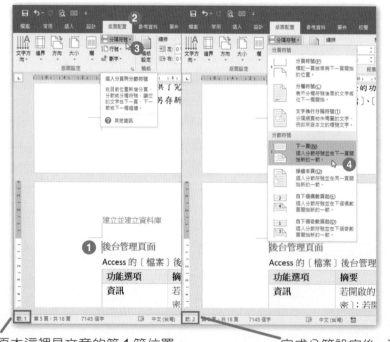

原本這裡是文章的第 1 節位置。　　完成分節設定後，這裡已經變成第 2 節了。

Step.1
捲動到第 5 頁，文字游標移至開頭的標題文字「後台管理頁面」開始進行分節。

Step.2
點按〔版面配置〕索引標籤。

Step.3
點按〔版面設定〕群組裡的〔分隔符號〕命令按鈕。

Step.4 從展開的功能選單中點選〔**分節符號**〕底下的〔**下一頁**〕選項。

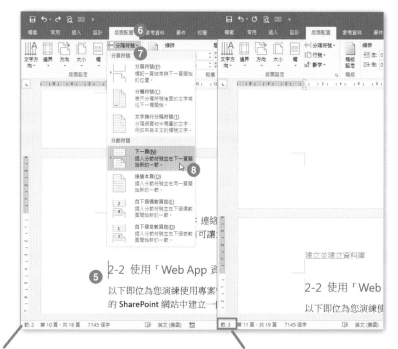

Step.5
捲動到第10頁，將文字游標移至標題文字「2-2 使用「Web App…」之前。

Step.6
點按〔**版面配置**〕索引標籤。

Step.7
點按〔**版面設定**〕群組裡的〔**分隔符號**〕命令按鈕。

原本這裡是文章的第2節位置。　　　　　完成分節設定後，這裡已經變成第3節了。

Step.8 從展開的功能選單中點選〔**分節符號**〕底下的〔**下一頁**〕選項。

Step.9 將文字插入游標移至節2的任一位置。

Step.10 點按〔**版面配置**〕索引標籤。

Step.11 點按〔**版面設定**〕群組裡的〔**方向**〕命令按鈕。

Step.12 從展開的功能選單中點選〔**橫向**〕選項。

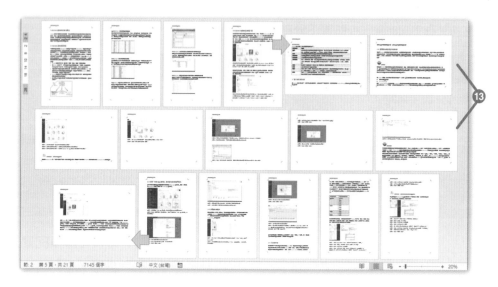

Step.13 第 2 節裡的文稿變成橫式紙張的版面配置，第 1、3 節的內文仍維持直式紙張的版面配置。

TIPS & TRICKS

許多實體書本、教科書的內容分頁概念，可以區分成「章」、「節」、「小節」，使得內容能有起伏或區隔。而利用 Word 來編輯文章，也可以進行分節的操作，至於，在 Word 文件裡為什麼要分節？因為不同的節可以有不同的頁碼編排、不同的節可以有不同的版面配置、不同的節可以有不同的頁面框線、不同的節可以有不同的多欄排版控制。

要進行插入分節的操作非常的簡單，只要確認想要進行那一種分節效果後，就先將文字插入游標先移至要進行分節的地方，再點按〔**分隔設定**〕命令按鈕，在展開的分隔設定選項，從中選擇想要進行那一種分節效果即可

分節的設定提供有各種不同目的分節類型與用途。

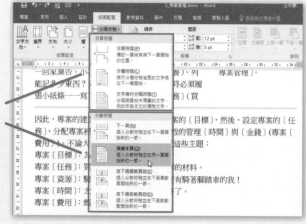

畫面左下角的狀態列上，可以顯示頁碼、字數外，亦可顯示目前文字游標所在位置的節編號，若未顯示，則可以透過滑鼠右鍵點按畫面下方狀態列上的任一處，待顯示快顯功能表選單後，點選〔節〕選項即可。

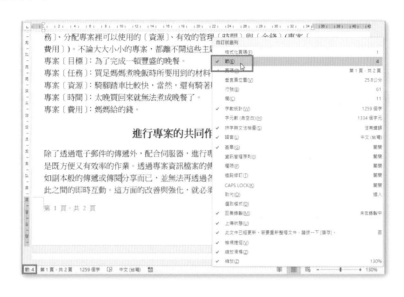

至於在編輯內文時，分節符號的顯示與否，則可以透過〔**常用**〕索引標籤裡〔**段落**〕群組內的〔**顯示 / 隱藏編輯標記**〕命令按鈕的點按來決定，如此便可以明確掌控分節的設定位置與設定類型。

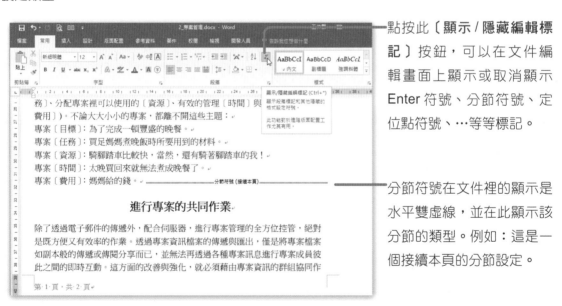

點按此〔**顯示 / 隱藏編輯標記**〕按鈕，可以在文件編輯畫面上顯示或取消顯示 Enter 符號、分節符號、定位點符號、…等等標記。

分節符號在文件裡的顯示是水平雙虛線，並在此顯示該分節的類型。例如：這是一個接續本頁的分節設定。

此外，在多欄排版時若想要強迫將指定的文字位置，移置到新的分欄起始位置，這也是屬於分格符號設定裡的分節符號設定喔！

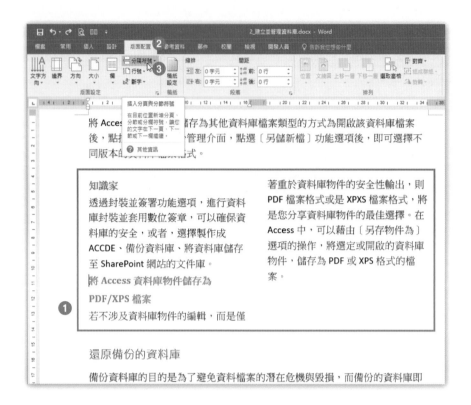

Step.1 將文字游標移至雙欄排版裡左欄的標題文字「將 Access 資料庫物件…」之前。

Step.2 點按〔**版面配置**〕索引標籤。

Step.3 點按〔**版面設定**〕群組裡的〔**分隔符號**〕命令按鈕。

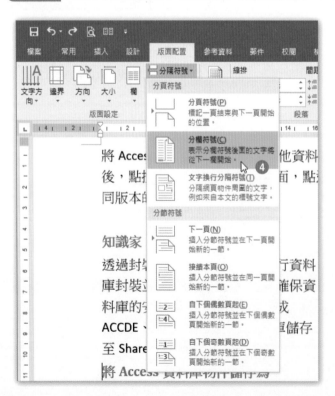

Step.4

從展開的功能選單中點選〔**分隔符號**〕底下的〔**分欄符號**〕選項。

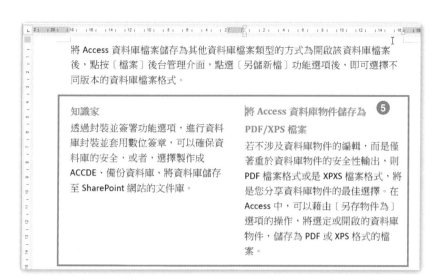

將 Access 資料庫檔案儲存為其他資料庫檔案類型的方式為開啟該資料庫檔案後，點按〔檔案〕後台管理介面，點選〔另儲新檔〕功能選項後，即可選擇不同版本的資料庫檔案格式。

知識家

透過封裝並簽署功能選項，進行資料庫封裝並套用數位簽章，可以確保資料庫的安全，或者，選擇製作成 ACCDE、備份資料庫、將資料庫儲存至 SharePoint 網站的文件庫。

將 Access 資料庫物件儲存為 ⑤ PDF/XPS 檔案

若不涉及資料庫物件的編輯，而是僅著重於資料庫物件的安全性輸出，則 PDF 檔案格式或是 XPXS 檔案格式，將是您分享資料庫物件的最佳選擇。在 Access 中，可以藉由〔另存物件為〕選項的操作，將選定或開啟的資料庫物件，儲存為 PDF 或 XPS 格式的檔案。

Step.5 原本位於雙欄排版裡左欄的標題文字「將 Access 資料庫物件…」以及爾後的文件內容，已經重新排版到第 2 欄的起始之處了。

實作練習

➤ 開啟〔**練習 2-3.docx**〕文件檔案：

1. 選取第一區段（也就是第 1 節）裡的文字 " 內建字典…課程指引 Curriculum Guide" ，調整為具備分隔線的二欄版面配置，並設定間距為 2 個字元。

解

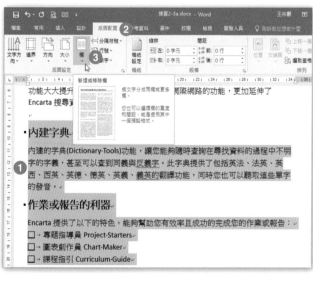

Step.1 選取第一區段裡的文字"內建字典 … 課程指引 Curriculum Guide"。

Step.2 點按〔版面配置〕索引標籤。

Step.3 點按〔版面設定〕群組裡的〔欄〕命令按鈕。

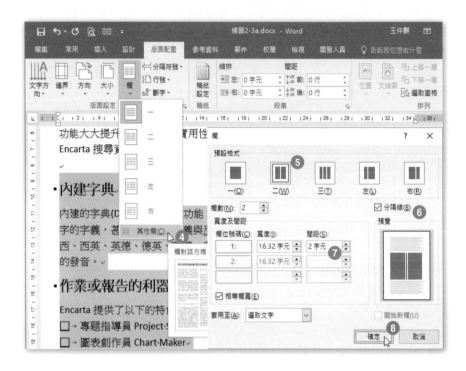

Step.4 從展開的多欄排版功能選單中點按〔其他欄〕選項。

Step.5 開啟〔欄〕對話方塊，點按〔二〕欄選項。

Step.6 勾選〔分隔線〕核取方塊。

Step.7 選擇欄位的間距為〔2字元〕。

Step.8 點按〔確定〕按鈕。

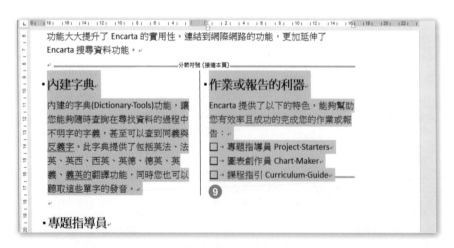

Step.9 完成多欄排版與指定間距和分隔線的設定。

2. 在第 2 頁標題文字 " 自我學習指標 " 的左邊，插入一個〔**文字換行分隔符號**〕的分頁符號。

解

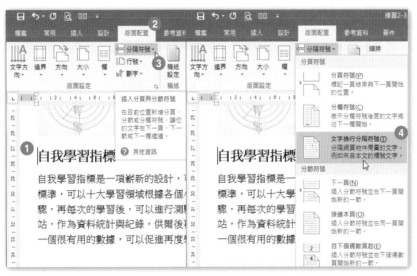

Step.1 將文字插入游標移至標題文字 " 自我學習指標 " 之前。

Step.2 點按〔**版面配置**〕索引標籤。

Step.3 點按〔**版面設定**〕群組裡的〔**分隔符號**〕命令按鈕。

Step.4 從展開的分隔設定功能選單中點按〔**分隔符號**〕底下的〔**文字換行分隔符號**〕選項。

Step.5 完成文字換行分隔符號的設定。

3. 在標題 " 專題指導員 " 之前立即新增一個分頁符號。

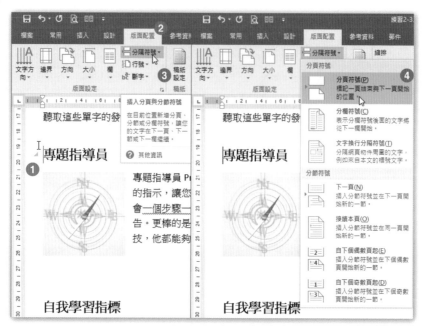

Step.1 將文字插入游標移至標題文字 " 專題指導員 " 之前。

Step.2 點按〔版面配置〕索引標籤。

Step.3 點按〔版面設定〕群組裡的〔分隔符號〕命令按鈕。

Step.4 從展開的分隔設定功能選單中點按〔分隔符號〕底下的〔分頁符號〕選項。

Step.5 標題文字 " 專題指導員 " 立即成為新的下一頁之起始文字。

4. 在兩欄版面設定的標題文字 " 範例說明 " 之前立即插入一個分欄符號。

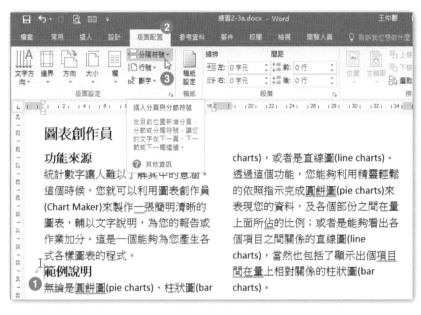

Step.1 將文字插入游標移至兩欄文字裡的標題文字 " 範例說明 " 之前。

Step.2 點按〔版面配置〕索引標籤。

Step.3 點按〔版面設定〕群組裡的〔分隔符號〕命令按鈕。

Step.4
從展開的分隔設定功能選單
中點按〔分隔符號〕底下的
〔分欄符號〕選項。

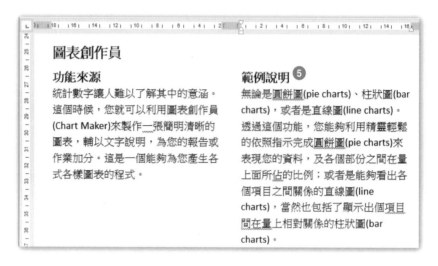

圖表創作員

功能來源

統計數字讓人難以了解其中的意涵。這個時候，您就可以利用圖表創作員(Chart Maker)來製作一張簡明清晰的圖表，輔以文字說明，為您的報告或作業加分。這是一個能夠為您產生各式各樣圖表的程式。

範例說明 ❺

無論是圓餅圖(pie charts)、柱狀圖(bar charts)，或者是直線圖(line charts)。透過這個功能，您能夠利用精靈輕鬆的依照指示完成圓餅圖(pie charts)來表現您的資料，及各個部份之間在量上面所佔的比例；或者是能夠看出各個項目之間關係的直線圖(line charts)，當然也包括了顯示出個項目間在量上相對關係的柱狀圖(bar charts)。

Step.5 兩欄文字裡原本在左欄的標題文字 " 範例說明 " 立即成為右欄（第 2 欄）的起始文字。

➤ 開啟〔**練習 2-3b.docx**〕文件檔案：

1. 在分節符號之後的頁面，紙張方向改為 橫向。

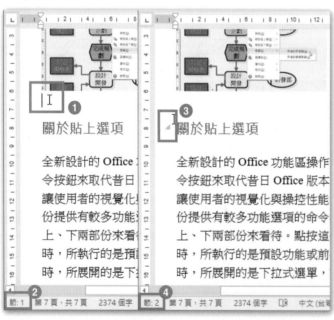

Step.1 將文字插入游標移至標題文字 " 關於貼上選項 " 上方空白處。

Step.2 此時顯示文字插入游標所在處為第 1 節。

Step.3 將文字插入游標移至標題文字 " 關於貼上選項 " 左側。

Step.4 此時顯示文字插入游標所在處為第 2 節。因此，證明標題文字 " 關於貼上選項 " 為此篇文件的分節之處。

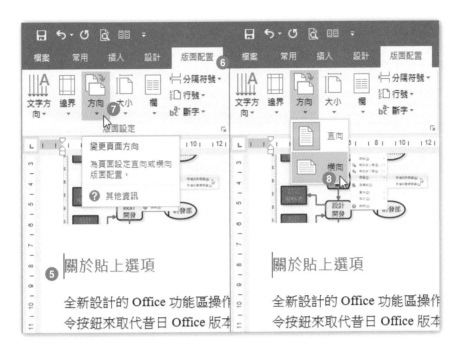

Step.5 將文字插入游標維持停留在標題文字 " 關於貼上選項 " 左側，也就是第 2 節之處。

Step.6 點按〔**版面配置**〕索引標籤。

Step.7 點按〔**版面設定**〕群組裡的〔**方向**〕命令按鈕。

Step.8 從展開的功能選單中點按〔**橫向**〕選項。

Step.9 標題文字 " 關於貼上選項 " 開始的內文已套用橫向紙張的新版面配置。

2. 在最後一頁底部的 " 小常識 " 文字之前立即新增一個〔下一頁〕分節符號。

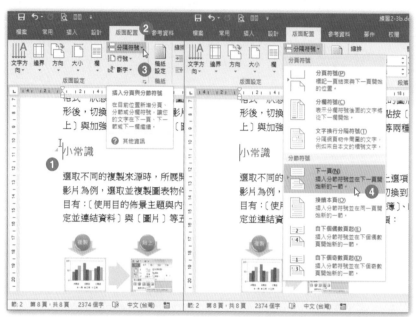

Step.1 將文字插入游標移至最後一頁標題文字 " 小常識 " 之前。

Step.2 點按〔**版面配置**〕索引標籤。

Step.3 點按〔**版面設定**〕群組裡的〔**分隔符號**〕命令按鈕。

Step.4 從展開的分隔設定功能選單中點按〔**分節符號**〕底下的〔**下一頁**〕選項。

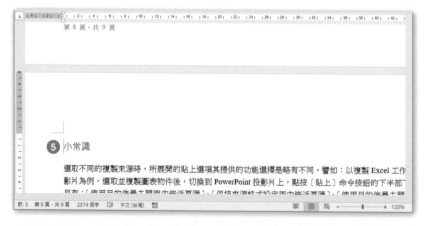

Step.5 從標題文字 " 小常識 " 開始的內文，已經排版至新的下一頁。

Chapter 03 建立表格和清單

在 Word 文件裡最常見的元素，除了文字與符號外，擅長於歸納資料及陳述說明的表格和條列式清單，也是不可或缺的。在此單元中將為您介紹這兩個領域裡的考題方向與解題技巧。

3-1 建立表格

此節所探討的考試主題包含如何將文字資料轉換為表格、將表格轉換為文字資料；表格欄、列的增、刪；欄寬列高的自動調整與手動調整，以及快速表格的使用與表格標題的設定。

3-1-1 將文字轉換為表格 (**)

只要是相同分隔設定規則的文字內容，大都可以順利轉換為表格。例如：以逗點或 **Tab** 按鍵作為分欄符號的文字內容，可以透過〔**文字轉換為表格**〕功能操作，將特定格式的文字資料轉換為表格資料。例如：以下的文字資料是以 **Tab** 鍵為分隔的文字（從「編號」至「2507000」），透過轉換為表格的操作，還可以根據欄位內容多寡而自動調整適當的欄位寬度。

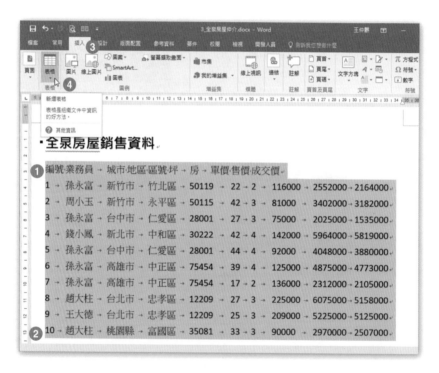

Step.1 從文字「編號」左側空白處開始選取整列文字。

Step.2 往下拖曳至文字「10」左側以選取全部 11 列文字。

Step.3 點按〔**插入**〕索引標籤。

Step.4 點按〔**表格**〕群組裡〔**表格**〕命令按鈕。

Step.5

從展開的表格功能選單中點選〔**文字轉換為表格**〕功能選項。

Step.6

開啟〔**文字轉換為表格**〕對話方塊,在〔**自動調整行為**〕裡,點選〔**自動調整成內容大小**〕選項。

Step.7

在〔**分隔文字在**〕選項裡,點選〔**定位點**〕選項。

Step.8

點按〔**確定**〕按鈕。

全泉房屋銷售資料

編號	業務員	城市	地區	區號	坪	房	單價	售價	成交價
1	孫永富	新竹市	竹北區	50119	22	2	116000	2552000	2164000
2	周小玉	新竹市	永平區	50115	42	3	81000	3402000	3182000
3	孫永富	台中市	仁愛區	28001	27	3	75000	2025000	1535000
4	錢小鳳	新北市	中和區	30222	42	4	142000	5964000	5819000
5	孫永富	台中市	仁愛區	28001	44	4	92000	4048000	3880000
6	孫永富	高雄市	中正區	75454	39	4	125000	4875000	4773000
7	孫永富	高雄市	中正區	75454	17	2	136000	2312000	2105000
8	趙大柱	台北市	忠孝區	12209	27	3	225000	6075000	5158000
9	王大德	台北市	忠孝區	12209	25	3	209000	5225000	5125000
10	趙大柱	桃園縣	富國區	35081	33	3	90000	2970000	2507000

Step.9 完成將文字轉換為表格的結果。

TIPS & TRICKS

關於表格的分隔符號:轉換為表格的文字格式,通常是一列列的資料記錄,而欄位與欄位之間的分隔字元符號經常是逗點、定位點 (Tab) 或其他特定的字元符號,也可以是段落符號。

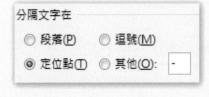

3-1-2　將表格轉換為文字 (*)

Word 文件裡的表格若有需要，也可以輕鬆轉換為以特定字元來分隔各欄位的文字資料。例如：以下的實作演練將可以轉換文件裡的表格，成為以逗點符號區隔的文字資料。

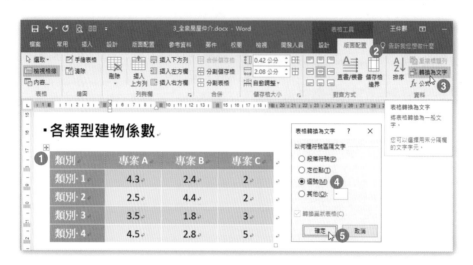

Step.1　點按表格裡的任一儲存格或者選取整個表格。

Step.2　點按〔**表格工具**〕底下的〔**版面配置**〕索引標籤。

Step.3　點按〔**資料**〕群組裡〔**轉換為文字**〕命令按鈕。

Step.4　開啟〔**表格轉換為文字**〕對話方塊，在〔**以何種符號區隔文字**〕選項底下點選〔**逗號**〕選項。

Step.5　點按〔**確定**〕按鈕。

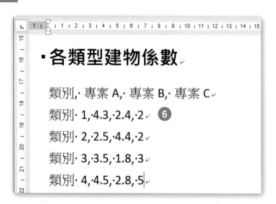

Step.6
完成轉換的每一筆資料，其欄位與欄位之間皆以逗點符號分隔。

3-1-3　指定列與欄以建立表格 (*)

除了將既有的文字資料轉換為表格外，您也可以從現成的表格圖庫中，挑選內建的表格或使用者自訂的表格，在文件裡重複使用與插入，這正是快速表格的使用概念。

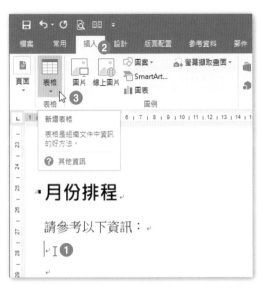

Step.1
將文字插入游標移至文字「請參考以下資訊：」文字下方。

Step.2
點按〔插入〕索引標籤。

Step.3
點按〔表格〕群組裡的〔表格〕命令按鈕。

Step.4
從展開的表格功能選單中選擇〔快速表格〕。

Step.5
再從展開的表格圖庫裡點選〔內建〕類別底下的〔行事曆2〕表格。

Step.6
〔內建〕類別底下的〔行事曆2〕表格是月曆表格。

快速表格與快速組件的關係：在文件中若有經常要重複使用的圖、文、表等資料，例如：格式化文字、表格、自動圖文集、文件摘要資訊、功能變數…等等，都可以設計成建置組塊，歸類存放於快速組件庫中，而根據快速組件庫的內容物可區分為：「封面」、「快速組件」、「文字方塊」、「方程式」、「書目」、「浮水印」、「目錄」、「自動圖文集」、「表格」、「頁尾」、「頁碼」、「頁碼(邊界)」、「頁碼(頁的底端)」、「頁碼(頁的頂端)」、「頁首」等內建或自訂的圖庫 (Gallery)。

以表格而言，您可以將經常重複使用於各種文件的常用表格，建立為新的建置組塊，而此常用的表格便稱之為快速表格，並存放於表格圖庫 (Table Gallery) 裡。

當然，您也可以透過滑鼠拖曳操作，或者對話方塊的輸入對話，建立嶄新的空白表格。例如：建立 5x4 的空白表格。

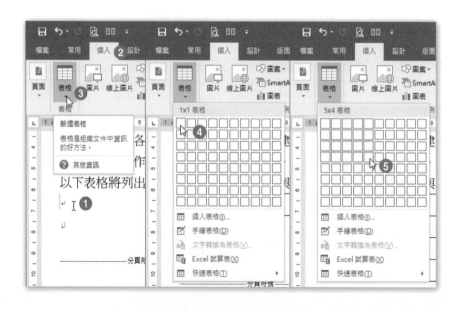

Step.1 將文字插入游標移至想要建立表格之處。

Step.2 點按〔**插入**〕索引標籤。

Step.3 點按〔**表格**〕群組裡的〔**表格**〕命令按鈕。

Step.4 從展開的表格功能選單,將滑鼠指標移至空白表格左上角的儲存格位置。

Step.5 往右下方拖曳至 5x4 表格大小位置並結束拖曳操作。

Step.6 完成 5x4(5 欄、4 列)的表格製作。

Step.7 當文字插入游標停在表格裡的任一儲存格時,畫面上方功能區裡將自動顯示〔**表格工具**〕,底下包含了與表格操控與編輯相關的〔**設計**〕索引標籤與〔**版面配置**〕索引標籤。

接著,我們以〔插入表格〕對話方塊的操作,在文件中建立一個新的表格。操作方式如下:

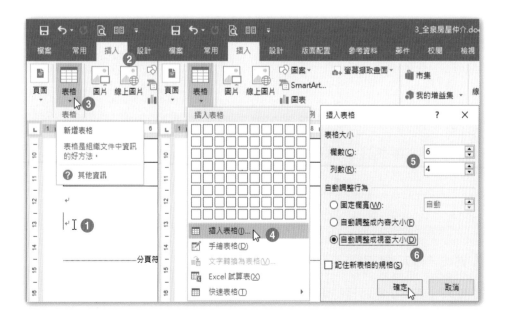

Step.1　將文字插入游標移至想要建立表格之處。

Step.2　點按〔**插入**〕索引標籤。

Step.3　點按〔**表格**〕群組裡的〔**表格**〕命令按鈕。

Step.4　從展開的表格功能選單中點選〔**插入表格**〕選項。

Step.5　開啟〔**插入表格**〕對話方塊，輸入欄數為 6；列數為 4。

Step.6　點選〔**自動調整成視窗大小**〕選項。最後，點按〔**確定**〕按鈕。

Step.7　完成 6x4（6 欄、4 列）的表格製作。

甚至，我們也可以如同畫筆般地以鉛筆拖曳操控，在紙張上手繪一個新的表格，操作演練如下所示：

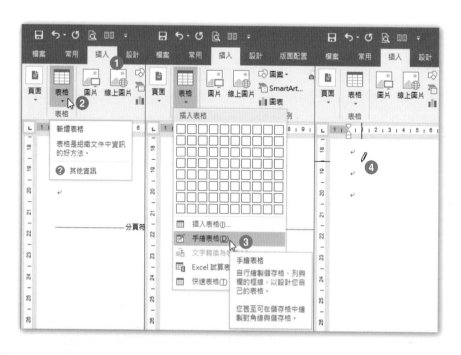

Step.1　點按〔**插入**〕索引標籤。

Step.2　點按〔**表格**〕群組裡的〔**表格**〕命令按鈕。

Step.3 從展開的表格功能選單中點選〔**手繪表格**〕選項。

Step.4 滑鼠指標此時將呈現鉛筆狀。

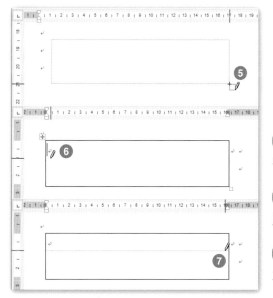

Step.5
在紙張上拖曳一個矩形，視為表格的大小。

Step.6
將鉛筆狀的滑鼠指標移至矩形內左上方。

Step.7
水平方向往右拖曳至矩形內右側。

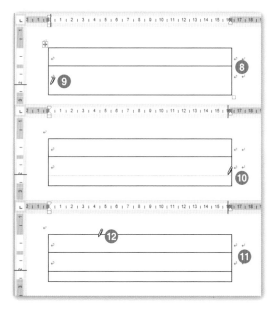

Step.8
形成上下 2 列的表格。

Step.9
再將鉛筆狀的滑鼠指標移至矩形內左下方。

Step.10
水平方向往右拖曳至矩形內右側。

Step.11
形成上下 3 列的表格。

Step.12
再將鉛筆狀的滑鼠指標移至矩形內左上方。

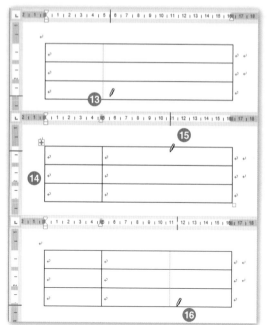

Step.13
垂直方向往下拖曳至矩形內底部。

Step.14
形成 2 欄、3 列的表格。

Step.15
再將鉛筆狀的滑鼠指標移至矩形內右上方。

Step.16
垂直方向往下拖曳至矩形內底部。

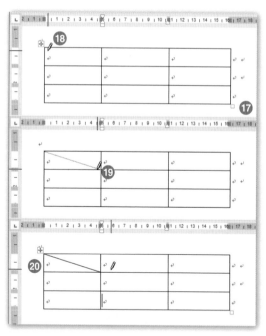

Step.17
形成 3 欄、3 列的表格。

Step.18
再將鉛筆狀的滑鼠指標移至左上角的儲存格內。

Step.19
在此格裡從左上到右下拖曳一對角線。

Step.20
形成表頭儲存格的效果。

刪除表格裡的列

刪除表格裡多餘的列數或欄數,或者要在既有的表格中添增列或欄,都可以利用功能區裡的〔**表格工具**〕或者快顯功能表來完成。例如:刪除下列文件裡表格「2017 年各分店各季銷售統計」裡的空白列刪除。

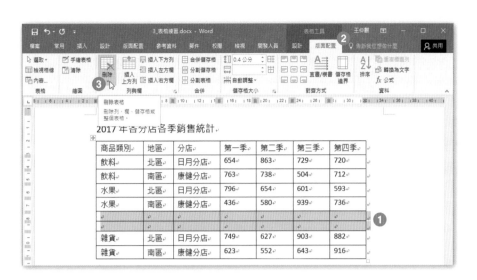

Step.1 以滑鼠拖曳選取表格裡的兩列空白列。

Step.2 點按〔**表格工具**〕底下的〔**版面配置**〕索引標籤。

Step.3 點按〔**列與欄**〕群組裡的〔**刪除**〕命令按鈕。

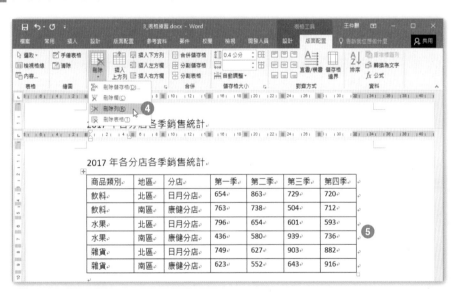

Step.4 從展開的刪除功能表單中點選〔**刪除列**〕選項。

Step.5 立即刪除表格裡的兩列空白列。

刪除欄位也是同樣的操作方式，可以在選取表格裡想要刪除的欄後，透過〔**刪除**〕命令按鈕的點按來完成刪除表格欄的目的。如同前例的操作，練習將「**2017** 年各分店各季銷售統計」裡的「第一季」與「第二季」等兩欄刪除。

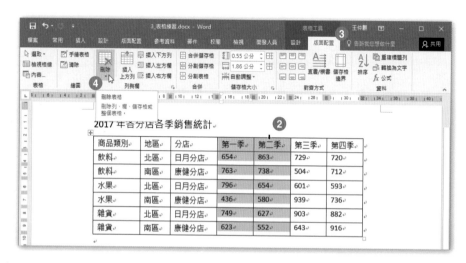

Step.1 將滑鼠游標停在表格裡欄位的頂端，例如「第一季」欄位上方。滑鼠游標將呈現黑色朝下箭頭狀，代表可以選取整個欄位的狀態。

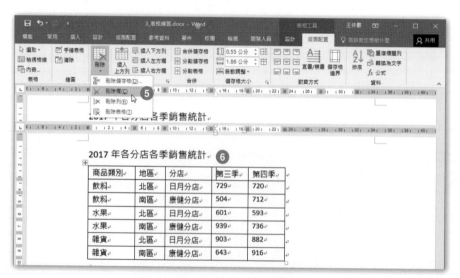

Step.2 立即往右拖曳選取表格裡的「第一季」與「第二季」等兩欄。

Step.3 點按〔**表格工具**〕底下的〔**版面配置**〕索引標籤。

Step.4 點按〔**列與欄**〕群組裡的〔**刪除**〕命令按鈕。

Step.5 從展開的刪除功能表單中點選〔**刪除欄**〕選項。

Step.6 立即刪除剛剛所選取的兩欄。

TIPS & TRICKS

利用快顯功能表刪除表格的欄或列：選取表格裡的欄或列後，藉由快顯功能表的點按，也可以輕鬆完成刪除表格裡的欄或列的操作。

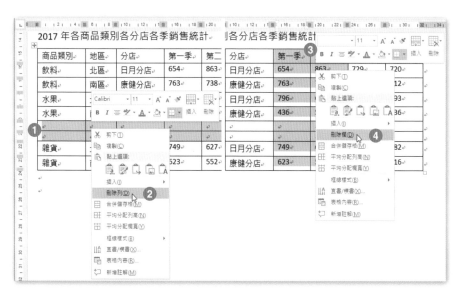

Step.1 選取想要刪除的列。

Step.2 以滑鼠右鍵點按選取的列後，從展開的快顯功能表中點選〔**刪除列**〕功能選項。

Step.3 選取想要刪除的欄。

Step.4 以滑鼠右鍵點按選取的欄後，從展開的快顯功能表中點選〔**刪除欄**〕功能選項。

新增表格裡的欄

若在表格裡要新增欄或列，則可以選擇要新增在選定位置的左方欄或右方欄、上方列或下方列，這一切的選項操作，都位於〔**表格工具**〕底下〔**版面配置**〕索引標籤裡的〔**列與欄**〕群組內。例如：在下列文件的「2017 年各分店各季銷售統計」表格裡，於「分店」欄與「第一季」欄之間增加一個空白欄。

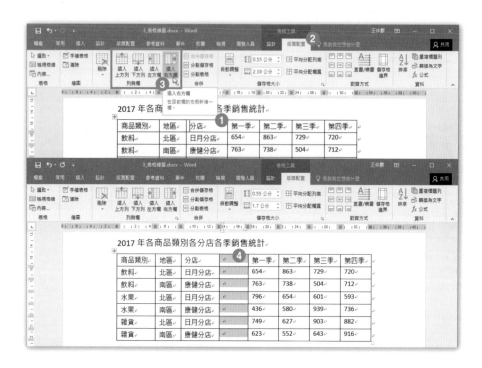

Step.1 滑鼠左鍵點按一下表格「分店」欄位裡的任一儲存格。例如：欄名「分店」儲存格。

Step.2 點按〔表格工具〕底下的〔版面配置〕索引標籤。

Step.3 點按〔列與欄〕群組裡的〔插入右邊欄〕命令按鈕。

Step.4 在「分店」欄與「第一季」欄之間增加了一個空白欄。

TIPS & TRICKS

使用表格工具新增欄或列：當插入文字游標停在表格裡或選取表格裡的欄、列或儲存格時，視窗頂端立即顯示〔表格工具〕，而底下即包含〔設計〕與〔版面配置〕兩索引標籤，其中，在〔版面配置〕索引標籤裡的〔列與欄〕群組內，提供有〔插入上方列〕、〔插入下方列〕、〔插入左方欄〕與〔插入右方欄〕等命令按鈕，可在表格裡迅速添增新的列或欄。

TIPS & TRICKS

最迅速的新增欄或新增列：新版本的 Word 2016 在表格添增列或欄的操作上，有更簡便的操作方式，只要您將滑鼠游標停在表格頂端的欄與欄交界處，或停在表格左側的列與列交界處，此時將有插入線與插入符號 ⊕，只要以滑鼠左鍵點按此插入符號，即可添增新的欄或列。

滑鼠游標移至表格頂端「地區」欄與「分店」欄之間的分界線頂端，將顯示⊕ 符號，請點按此⊕ 符號。

2017 年各商品類別各分店各季銷售統計

商品類別	地區	分店	第一季	第二季	第三季	第四季
飲料	北區	日月分店	654	863	729	720
飲料	南區	康健分店	763	738	504	712
水果	北區	日月分店	796	654	601	593
水果	南區	康健分店	436	580	939	736
雜貨	北區	日月分店	749	627	903	882
雜貨	南區	康健分店	623	552	643	916

2017 年各商品類別各分店各季銷售統計

商品類別	地區		分店	第一季	第二季	第三季	第四季
飲料	北區		日月分店	654	863	729	720
飲料	南區		康健分店	763	738	504	712
水果	北區		日月分店	796	654	601	593
水果	南區		康健分店	436	580	939	736
雜貨	北區		日月分店	749	627	903	882
雜貨	南區		康健分店	623	552	643	916

即可在「地區」欄與「分店」欄之間添增新的空白欄。

若是事先選取了表格裡的多欄或多列，則可以立即添增多個空白欄或空白列。

商品類別	地區	分店	第一季	第二季	第三季	第四季
飲料	北區	日月分店	654	863	729	720
飲料	南區	康健分店	763	738	504	712
水果	北區	日月分店	796	654	601	593
水果	南區	康健分店	436	580	939	736
雜貨	北區	日月分店	749	627	903	882
雜貨	南區	康健分店	623	552	643	916

事先選取表格裡的第 4 列與第 5 列這兩列。

再將滑鼠游標移至表格裡第 3 列與第 4 列之間的分界線左側，將顯示 ⊕ 符號，請點按此⊕符號

商品類別	地區	分店	第一季	第二季	第三季	第四季
飲料	北區	日月分店	654	863	729	720
飲料	南區	康健分店	763	738	504	712
水果	北區	日月分店	796	654	601	593
水果	南區	康健分店	436	580	939	736
雜貨	北區	日月分店	749	627	903	882
雜貨	南區	康健分店	623	552	643	916

即可在「飲料」列與「水果」列之間添增新的兩個空白列。

3-1-4 套用表格樣式 (**)

絕大多數的人都不是設計師，也未必具備美編素養，因此，表格外觀的設計配置與色彩的搭配，可就不是您我的專長了，不過，Word 2016 表格樣式選單裡提供了豐富的表格樣式，讓使用者可以輕鬆套用。

Step.1

點選表格裡的任一儲存格。

Step.2

點按〔表格工具〕底下的〔設計〕索引標籤。

Step.3

點按〔表格樣式〕群組裡想要套用的表格樣式，立即套用在目前的表格裡。

Step.4 也可以點按〔**表格樣式**〕群組右側的〔**其他**〕按鈕,展開更多的表格樣式選單,從中點選所要套用的表格樣式。

此外,在表格樣式選單底部,點選〔**修改表格樣式**〕、〔**清除**〕表格樣式,或者〔**新增表格樣式**〕,即可進行表格樣式的編輯、清除與建立。

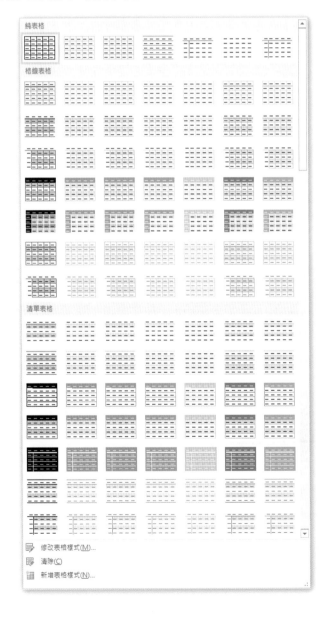

或者，您也可以利用滑鼠右鍵點按表格樣式選單裡的某一既有的表格樣式後，從展開的快顯功能表中，點選相關的功能選項，設定該表格樣式為預設的表格樣式，或者，刪除該表格樣式、修改該表格樣式，或根據該表格樣式的格式來新增另一個表格樣式。

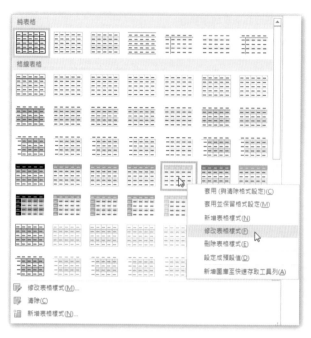

而所謂的表格樣式是屬於整體性的格式設定，其中包含了「表格內容」、「框線及網底」、「帶狀」、「字型」、「段落」、「定位點」與「文字效果」等格式設定。在進行〔**修改表格樣式**〕的功能操作時，點按〔**修改樣式**〕對話方塊左下方的〔**格式**〕按鈕，即可展開與表格樣式其格式設定相關的所有功能選項。

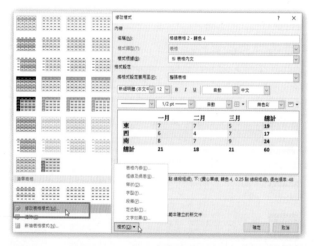

至於在進行〔**新增表格樣式**〕的功能操作，也就是建立新的表格樣式時，會進入〔**從格式建立新樣式**〕對話方塊，此時您必須輸入自訂的樣式名稱，並選擇要將格式設定套用至表格的哪一個位置上。例如：要將選定的格式套用至整張表格，或是僅套用在有欄位名稱的列、合計列、首欄、末欄、…等特別指定的表格位置。

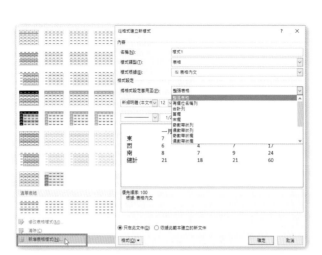

實作
練習

● ●

➤ 開啟〔**練習 3-1.docx**〕文件檔案：

1. 將第 1 頁裡的表格轉換為以「逗點」符號區隔的文字。

解

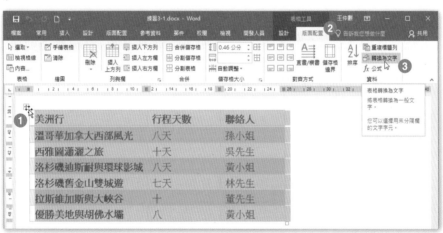

Step.1 開啟文件檔案後，點選第 1 頁裡的表格。

Step.2 點按〔**表格工具**〕底下的〔**版面配置**〕索引標籤。

Step.3 點按〔**資料**〕群組裡〔**轉換為文字**〕命令按鈕。

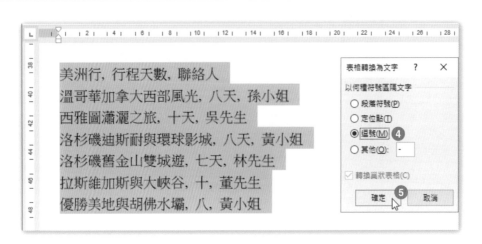

Step.4 開啟〔**表格轉換為文字**〕對話方塊,在〔**以何種符號區隔文字**〕選項底下點選〔**逗號**〕選項。

Step.5 點按〔**確定**〕按鈕。

2. 到第 2 頁,利用文字 " 歐洲行 …… 陳小姐 " ,建立 4 個欄位且欄寬分散整個視窗寬度的表格。

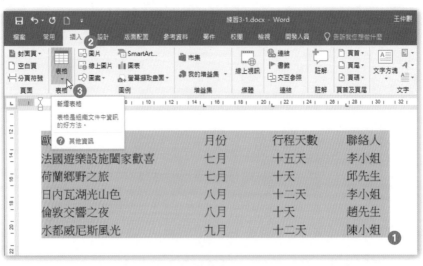

Step.1 開啟文件檔案後,到第 2 頁,選取從 " 歐洲行 …… 陳小姐 " 等六段文字。

Step.2 點按〔**插入**〕索引標籤。

Step.3 點按〔**表格**〕群組裡〔**表格**〕命令按鈕。

Step.4 從展開的表格功能選單中點選〔**文字轉換為表格**〕功能選項。

Step.5 開啟〔**文字轉換為表格**〕對話方塊，在〔**自動調整行為**〕裡，點選〔**自動調整成視窗大小**〕選項。

Step.6 在〔**分隔文字在**〕選項裡，維持預設的〔**定位點**〕選項。

Step.7 點按〔**確定**〕按鈕。

歐洲行	月份	行程天數	聯絡人
法國遊樂設施闔家歡喜	七月	十五天	李小姐
荷蘭鄉野之旅	七月	十天	邱先生
日內瓦湖光山色	八月	十二天	李小姐
倫敦交響之夜	八月	十天	趙先生
水都威尼斯風光	九月	十二天	陳小姐

Step.8 完成將文字轉換為表格的結果。

3. 在 " 最新排程 " 標題裡的段落文字 " 以下表格列出最新出團的排程計
   畫：" 下方，新增一個七列五欄的表格，並為表格套用〔**格線表格 1 淺色 -**
   輔色 2〕表格樣式。

Step.1 開啟文件檔案後，將文字插入游標移至段落文字 " 以下表格列出最新出團
的排程計畫：" 下方。

Step.2 點按〔**插入**〕索引標籤。

Step.3 點按〔**表格**〕群組裡的〔**表格**〕命令按鈕。

Step.4 從展開的表格功能選單，將滑鼠指標移至空白表格左上角的儲存格位置。

Step.5 往右下方拖曳至 5x7 表格大小位置並結束拖曳操作。

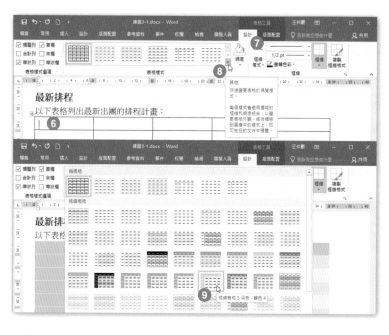

Step.6 完成 5x7（5 欄、7 列）的表格製作後，文字插入游標停在表格裡的任一儲存格。

Step.7 點按〔**表格工具**〕底下的〔**設計**〕索引標籤。

Step.8 點按〔**表格樣式**〕群組裡的〔**其他**〕按鈕。

Step.9 從展開的表格樣式清單中，點選想要套用的表格樣式〔**格線表格 1 淺色 - 輔色 2**〕表格樣式。

Step.10 完成表格的製作以及表格樣式的套用。

3-2 修改表格

表格的修改並不僅限於外觀面貌，您也可以對於表格裡已經輸入的資料進行排序，或者，設定表格裡的儲存格邊界與間距，以及修改表格尺寸與合併儲存格等等經常出現在 Word 認證考試的相關主題。此節將介紹如何對表格裡的資料進行排序、設定表格裡的儲存格邊界、在表格裡使用公式，以及修改表格尺寸與合併儲存格等等與認證考試相關的主題。

3-2-1 排序表格資料 (*)

表格是一種行、列式架構，最適合進行資料的蒐集與歸納，形成資料存取的來源，因此，如同資料庫裡的資料表一般，對於表格資料進行排序與篩選，是一項極為平常的作業。例如：以下的範例表格呈現了 2017 年遊客票選最熱門的東京各景點，其中，我們將針對「人數」這個數值欄位進行由大到小的排序作業，操作步驟如下：

Step.1　點按表格裡的任一儲存格位置。

Step.2　點按〔**表格工具**〕底下的〔**版面配置**〕索引標籤。

Step.3　點按〔**資料**〕群組裡的〔**排序**〕命令按鈕。

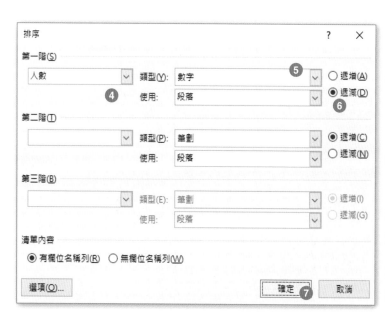

Step.4
開啟〔**排序**〕對話方塊，點選第一個欄位為〔**人數**〕。

Step.5
欄位類型為〔**數字**〕。

Step.6
點選〔**遞減**〕選項。

Step.7
點按〔**確定**〕按鈕。

完成根據表格裡的〔人數〕欄位資料由大到小的排序：

3-2-2 設定儲存格邊界與間距

若要對於表格裡各個儲存格的內容進行精密的排版作業，例如：調整儲存格裡的文字與表格框線的間距，則表格工具裡的儲存格邊界設定，將是您最大的幫手。以下的範例演練正是對文件裡的表格，設定其儲存格邊界靠左 0.4 公分、靠右 0.6 公分，以避免儲存格裡的內容太靠近格線。

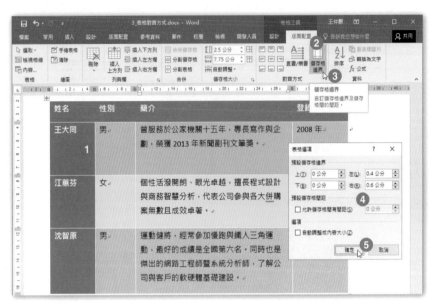

Step.1 點按表格裡的任一儲存格位置。

Step.2 點按〔**表格工具**〕底下的〔**版面配置**〕索引標籤。

Step.3 點按〔**對齊方式**〕群組裡的〔**儲存格邊界**〕命令按鈕。

Step.4 開啟〔**表格選項**〕對話方塊,設定預設儲存格邊界為〔左〕「0.4 公分」、〔右〕「0.6 公分」。

Step.5 點按〔**確定**〕按鈕。

完成儲存格邊界的設定,可以讓儲存格裡的文字避免緊鄰儲存格的格線。

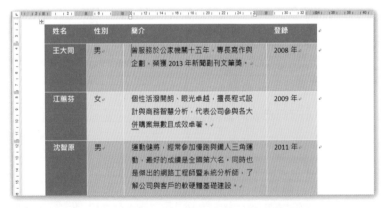

其實,表格裡每個儲存格的表現就像是頁面排版一樣,在每個儲存格內都具有上、下、左、右邊界。根據預設值,表格中的所有儲存格都具有相同的邊界。例如:上、下邊界皆為 0 公分,左、右邊界則為 0.19 公分。當然,如果將所有的儲存格邊界都設定為零,可以讓圖形或其他將要加入儲存格裡的內容具有更多空間,不過,儲存格內容若是 0 邊界會太緊鄰格線也不好看。

此外，透過刻度尺規的顯示，可以看出儲存格上、下、左、右各邊界的設定情形。

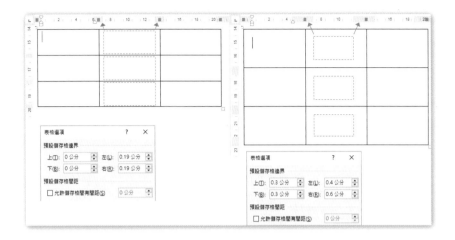

3-2-3 合併及分割儲存格 (*)

Word 的表格具有極完善的客製化能力，例如：單一的儲存格可以輕鬆地垂直或水平分割成數個儲存格，選取多個儲存格後，也可以合併成單一儲存格，讓使用者在建立各種用途與議題的表格時更加得心應手。以下便是合併及分割儲存格的實務演練。

Step.1 選取表格裡的第 2 列（選取〔**北部地區**〕整列）。

Step.2 點按〔**表格工具**〕底下的〔**版面配置**〕索引標籤。

Step.3 點按〔**合併**〕群組裡的〔**合併儲存格**〕命令按鈕。

Step.4 表格裡的第 2 列已經合併成一個儲存格。

Step.5 選取表格裡的第 6 列（選取〔**南部地區**〕整列）。

Step.6 點按〔**合併**〕群組裡的〔**合併儲存格**〕命令按鈕。

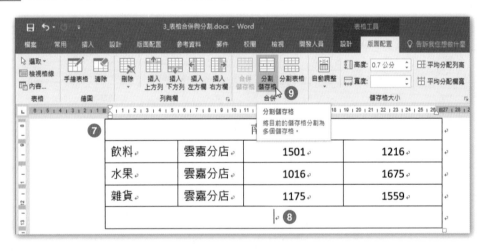

Step.7 表格裡的第 6 列已經合併成一個儲存格。

Step.8 點選表格裡的最後一列（文字游標停在此儲存格內）。

Step.9 點按〔**合併**〕群組裡的〔**分割儲存格**〕命令按鈕。

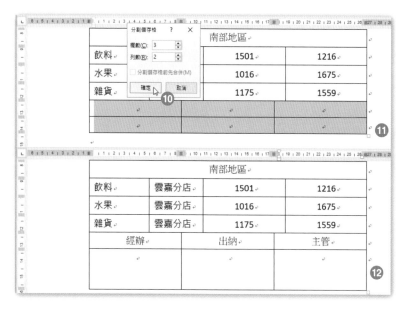

Step.10 開啟〔**分割儲存格**〕對話方塊，輸入要分割的欄數與列數。例如：3 欄、2 列。

Step.11 最後一個儲存格分割成 3 欄、2 列，共 6 個儲存格。

Step.12 經過列高的調整，再進行文字的輸入，順利完成表格簽核欄位的設計。

3-2-4 調整表格列與欄的大小 (*)

表格的大小除了欄數與列數外，每一欄的寬度及每一列的高度，也是會影響整體表格大小與寬窄的，因此，您也必須熟練如何調整表格欄與列的大小來修改表格尺寸喔！以下就為您介紹這個領域的案例。

Step.1 選取此範例表格的第 2 列，即地區名稱（北部地區）標題列。

Step.2 點按〔**表格工具**〕底下〔**版面配置**〕索引標籤。

Step.3 設定〔**儲存格大小**〕群組裡的〔**表格列高**〕為「1.4 公分」。

Step.4 選取表格裡的第 3 及第 4 欄，即〔**上半年**〕與〔**下半年**〕兩整欄。

Step.5 點按〔**表格工具**〕底下〔**版面配置**〕索引標籤。

Step.6 點按〔**儲存格大小**〕群組裡的〔**平均分配欄寬**〕命令按鈕。

完成表格欄寬列高的調整：

2017 年各商品類別各分店銷售統計

商品類別	分店	上半年	下半年
北部地區			
飲料	新北分店	1517	1449
水果	新北分店	1450	1194
雜貨	新北分店	1376	1785
南部地區			
飲料	雲嘉分店	1501	1216
水果	雲嘉分店	1016	1675
雜貨	雲嘉分店	1175	1559

TIPS & TRICKS

表格格式的對話方塊操作：在 Word 環境中，選取文件裡的表格或文字插入游標移至表格裡的儲存格後，畫面上方立即顯示〔**表格工具**〕。此工具底下提供了〔**設計**〕與〔**版面配置**〕等兩個索引標籤。在〔**版面配置**〕索引標籤裡，〔**儲存格大小**〕群組內除了提供設定表格欄寬、列高的命令按鈕外，點按右側的對話方塊啟動器時，可以開啟〔**表格內容**〕對話方塊，可透過〔**表格**〕索引標籤裡的功能選項來設定大小、對齊方式與表格在內文裡的文繞圖效果。

而〔**表格內容**〕對話方塊〔**列**〕索引標籤裡的功能選項，可以設定各列的高度；〔**欄**〕索引標籤裡的功能選項，可以設定各欄的寬度；〔**儲存格**〕索引標籤裡的功能選項，可以設定儲存格的慣用寬度與儲存格高度；〔**替代文字**〕索引標籤裡的功能則是用來輸入與表格相關的自訂標題文字，以及此表格的描述文字。

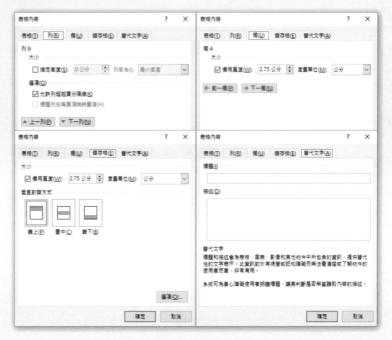

除了使用功能區裡的命令按鈕或對話方塊操作，可以準確地設定表格的欄寬、列高外，若不須要考量欄寬與列高的實際數字，直接透過滑鼠游標來拖曳表格裡欄與欄之間的格線，或是拖曳表格裡列與列之間的格線，亦可輕鬆變更表格的欄寬、列高，以直覺的拖曳操作視覺化地決定欄寬列高。

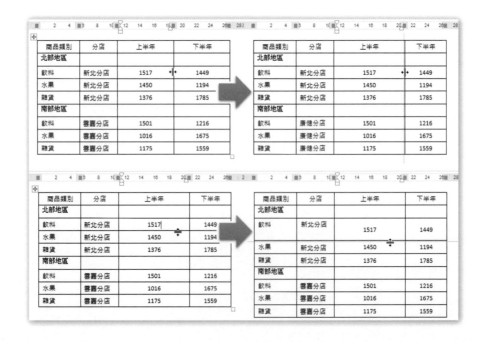

3-2-5 分割表格

一張表格可以透過功能選項的操作，以水平方向分割成上、下兩張表格。只要您先將文字游標移至表格內欲分割為上、下兩張表格的儲存格處，執行〔**表格工具**〕底下的〔**分割表格**〕命令按鈕即可。

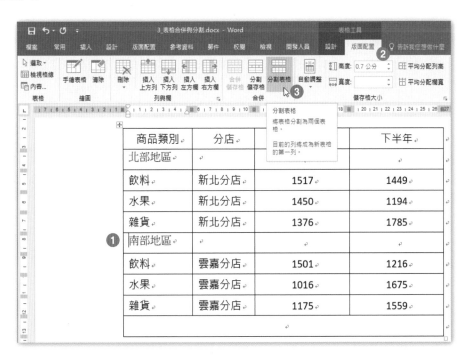

Step.1　點選要分割為上、下兩個表格之處的任一個儲存格 (即形成新表格的首列任一儲存格)。

Step.2　點按〔**表格工具**〕底下的〔**版面配置**〕索引標籤。

Step.3　點按〔**合併**〕群組裡的〔**分割表格**〕命令按鈕。

商品類別	分店	上半年	下半年
北部地區			
飲料	新北分店	1517	1449
水果	新北分店	1450	1194
雜貨	新北分店	1376	1785

南部地區			
飲料	雲嘉分店	1501	1216
水果	雲嘉分店	1016	1675
雜貨	雲嘉分店	1175	1559

Step.4　將原本一張表格，劃分為上、下兩張表格。

當然，您也可以將原本為兩個各自獨立的表格，合併為一個表格。操作的方式更是簡單，只要將兩表格之間的空白列刪去，兩表格自然可連結形成一個表格。

商品類別	分店	上半年	下半年	
北部地區				
飲料	新北分店	1517	1449	
水果	新北分店	1450	1194	
雜貨	分店	1376	1785	
❶				
南部地區				
飲料	雲嘉分店	1501	1216	
水果	雲嘉分店	1016	1675	
雜貨	雲嘉分店	1175	1559	

Step.1 先將文字游標移至上、下兩表格之間的空白處。

Step.2 按 Delete 鍵，將空白列刪除。

商品類別	分店	上半年	下半年	
北部地區				
飲料	新北分店	1517	1449	
水果	新北分店	1450	1194	
雜貨	新北分店	1376	1785	
南部地區				
飲料	雲嘉分店	1501	1216	
水果	雲嘉分店	1016	1675	
雜貨	雲嘉分店	1175	1559	

Step.3 即可將上、下兩表格連結形成單一表格。

3-2-6 設定重複列標題 (**)

如果表格很長，甚至跨越數頁，則您可以在表格頂端選取欲做為表格標題的數列後，進行跨頁標題的設定。方式有二，一為執行〔**表格工具**〕底下〔**版面配置**〕索引標籤裡的〔**重複標題列**〕命令按鈕。

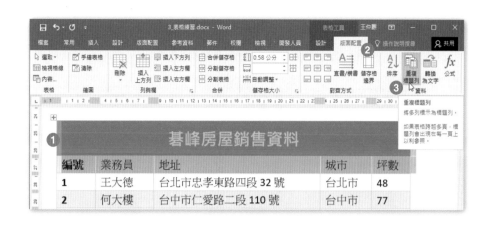

Step.1 選取表格頂端欲進行跨頁重複標題的列。例如：選取前兩列。

Step.2 點按〔**表格工具**〕底下的〔**版面配置**〕索引標籤。

Step.3 點按〔**資料**〕群組裡的〔**重複標題列**〕命令按鈕。

另一個方式是透過〔**表格內容**〕對話方塊的操作，在〔**列**〕索引標籤對話裡，勾選〔**標題列在每頁頂端時重複**〕核取方框，即可在後續的數頁上重複此表格標題。

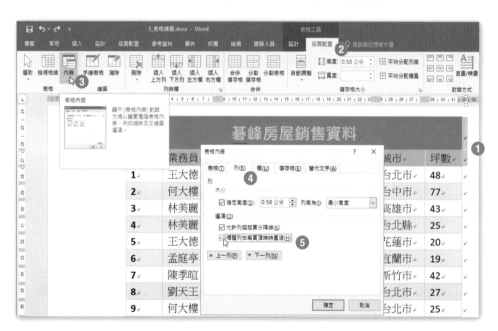

Step.1 選取表格頂端欲進行跨頁重複標題的列。例如：選取前兩列。

Step.2 點按〔**表格工具**〕底下〔**版面配置**〕索引標籤。

Step.3 點按〔**表格**〕群組裡的〔**內容**〕命令按鈕。

Step.4 開啟〔**表格內容**〕對話方塊，點按〔**列**〕索引標籤。

Step.5 勾選〔**標題列在每頁頂端時重複**〕核取方框，然後按下〔**確定**〕按鈕。

重複表格的標題列後,跨頁表格的每一頁表格頂端皆會顯示標題列。

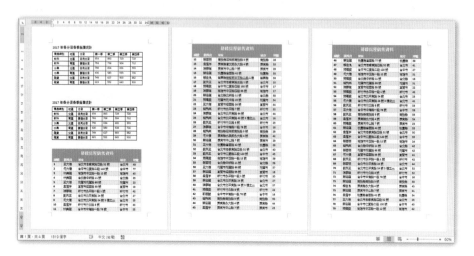

一個行列式架構的資料表格,經常被應用於諸如:名冊、訂單、交易明細、…
等資料表格的製作,而這類型的表格其頂端列通常為表格裡各個資料欄位的
名稱,除了一般的文字編輯外,也可以進行文字格式的設定以及對齊方式的
調整。甚至,面對篇幅超過一頁以上的表格,亦可輕鬆設定表格首列的標題
列,自動出現在每一頁,以利於表格各欄位內容的參照。

3-2-7 設定自動調整選項

表格裡的欄寬與列高都可以自由調整,但是都不宜過度。透過自動調整項的設定,可以根據
儲存格內容多寡而自動調整欄寬大小,實在是極為便利的工具。例如:下列的範例將自動調
整表格的欄寬以符合其內容多寡的寬度。

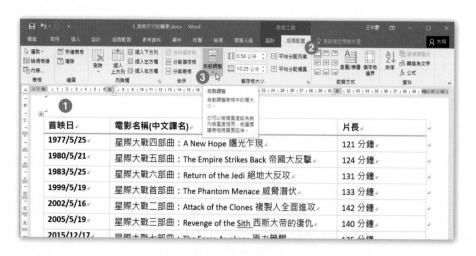

Step.1 點按表格裡的任一位置。

Step.2 點按〔**表格工具**〕底下的〔**版面配置**〕索引標籤。

Step.3 點按〔**儲存格大小**〕群組裡的〔**自動調整**〕命令按鈕。

Step.4 從展開的功能選單中點選〔**自動調整成內容大小**〕功能選項。

TIPS & TRICKS

設定表格的自動調整行為：在選取文字轉換為表格的操作過程中（如 3-1-1 節所述），開啟的〔**文字轉換為表格**〕對話方塊內〔**自動調整行為**〕裡所提供的三個選項，便是本節所述〔**表格工具**〕〔**版面配置**〕索引標籤〔**儲存格大小**〕群組裡〔**自動調整**〕命令按鈕其下拉式功能選的各項功能選項。

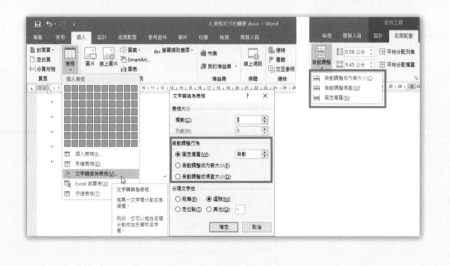

3-2-8　表格裡使用公式

或許您所製作的表格是一個含有數值資料並需計算統計資料的表格，那麼，您可以透過〔**表格工具**〕裡的〔**公式**〕功能操作，輕鬆的完成計算工作，不需要再透過計算機的幫忙。在 Word 2016 表格的計算功能也不只有計算加總的功力而已，在〔**公式**〕對話方框中，您還可以點選〔**加入函數**〕的選項操作，來選取 Word 表格所提供的其它計算方式。以下即以一個包含了「預算」、「實際支出」與「結餘」欄位和「合計」列的預算表為例（結餘公式為「預算」-「實際支出」），為您展示如何在表格裡建立公式的常見手法。

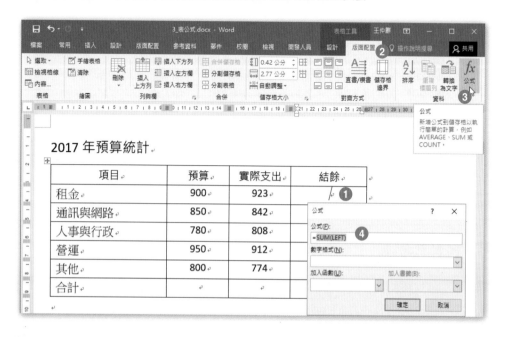

Step.1　點按「租金」項目其「結餘」欄位的空白儲存格。

Step.2　點按〔**表格工具**〕底下〔**版面配置**〕索引標籤。

Step.3　點按〔**資料**〕群組裡的〔**公式**〕命令按鈕。

Step.4　開啟〔**公式**〕對話方塊，刪除預設的公式。

Step.5 輸入新的自訂公式「=B2-C2」。

Step.6 點按〔**確定**〕按鈕。

Step.7 完成「租金」項目的「結餘」欄位運算。

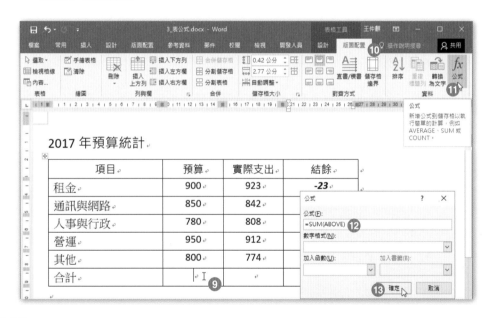

Step.8 依此類推，分別完成「通訊與網路」、「人事與行政」、「營運」與「其他」等項目的「結餘」欄位運算。

Step.9 點按「預算」欄位裡最底部「合計」項目的空白儲存格。

Step.10 點按〔**表格工具**〕底下〔**版面配置**〕索引標籤。

Step.11 點按〔**資料**〕群組裡的〔**公式**〕命令按鈕。

Step.12 開啟〔**公式**〕對話方塊，Word 2016 自動識別此儲存格要計算的公式為「=SUM(ABOVE)」也正是我們需要的函數運算。

Step.13 點按〔**確定**〕按鈕。

2017 年預算統計

項目	預算	實際支出	結餘
租金	900	923	*-23*
通訊與網路	850	842	*8*
人事與行政	780	808	*-28*
營運	950	912	*38*
其他	800	774	*26*
合計	4280 ⑭		

2017 年預算統計

項目	預算	實際支出	結餘
租金	900	923	*-23*
通訊與網路	850	842	*8*
人事與行政	780	808	*-28*
營運	950	912	*38*
其他	800	774	*26*
合計	4280	4259 ⑮	*21*

Step.14
完成「預算」欄位裡「合計」項目的加總運算。

Step.15
依此類推，分別完成「實際支出」及「結餘」兩欄位的「合計」項目加總運算。

TIPS & TRICKS

使用 Word 表格進行計算時的儲存格位址：對於一些較不規則的表格之儲存格計算，您也可以透過表格位址的表達方式，親自輸入計算的公式，來進行正確的運算。意即，在 Word 中所繪製的表格，其實也正如同 Excel 工作表一般，有著相對應的儲存格位址，而表示方式也相同，垂直欄是以英文字母來表示、水平列是以阿拉伯數字來表示。而儲存格若有合併的情形，則合併後的儲存格位址即為該合併範圍之左上角的儲存格位址。例如：若合併了 B2、B3、C2 及 C3 等四個儲存格，則合併後的儲存格其位址即為 B2。

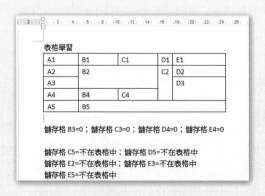

實作
練習

● ●

➤ 開啟〔**練習 3-2.docx**〕文件檔案：

1. 對第 2 頁底部的「知性與娛樂兼備的城市之旅」標題下方的表格，根據「每人費用」欄位進行遞減排序。

解

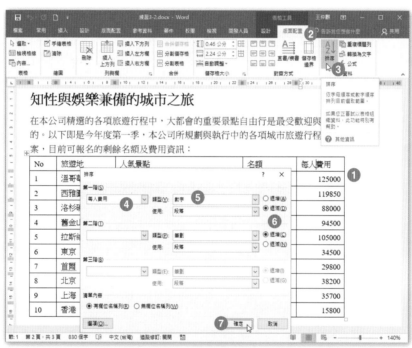

Step.1 開啟文件檔案後，點選第 2 頁底部的「知性與娛樂兼備的城市之旅」標題下方的表格，將文字插入游標移至表格裡的任一儲存格位置。

Step.2 點按〔**表格工具**〕底下的〔**版面配置**〕索引標籤。

Step.3 點按〔**資料**〕群組裡的〔**排序**〕命令按鈕。

Step.4 開啟〔**排序**〕對話方塊，點選第一個欄位為〔**每人費用**〕。

Step.5 欄位類型為〔**數字**〕。

Step.6 點選〔**遞減**〕選項。

Step.7 點按〔**確定**〕按鈕。

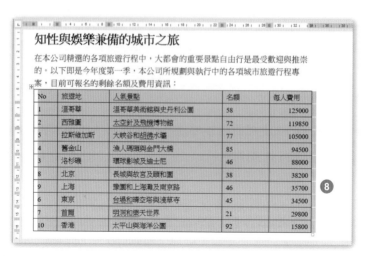

Step.8 完成根據表格裡的〔**每人費用**〕欄位資料由大到小的遞減排序。

2. 將「目前報名人數統計」標題下方表格的最後一列，合併成一個儲存格。

解

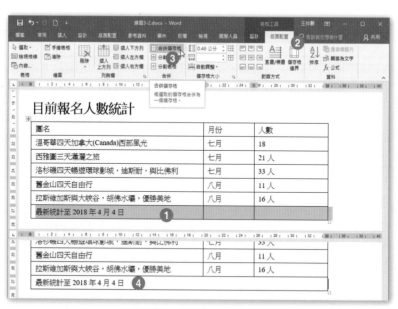

Step.1 開啟文件檔案後，選取「目前報名人數統計」標題下方表格的最後一列。

Step.2 點按〔**表格工具**〕底下的〔**版面配置**〕索引標籤。

Step.3 點按〔**合併**〕群組裡的〔**合併儲存格**〕命令按鈕。

Step.4 表格裡的最後一列已經合併成一個儲存格。

3. 調整「瀟灑之旅」標題下方表格的欄寬，讓所有的欄位寬度都等寬。

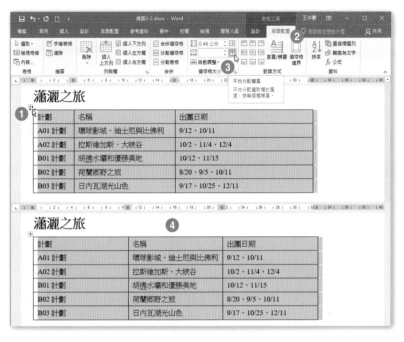

Step.1 選取「瀟灑之旅」標題下方的整個表格。

Step.2 點按〔**表格工具**〕底下的〔**版面配置**〕索引標籤。

Step.3 點按〔**儲存格大小**〕群組裡的〔**平均分配欄寬**〕命令按鈕。

Step.4 完成表格欄寬皆等寬的調整。

4. 針對「瀟灑之旅」標題下方表格設定重複列標題，也就是設定使其跨頁時重複標題列。

解

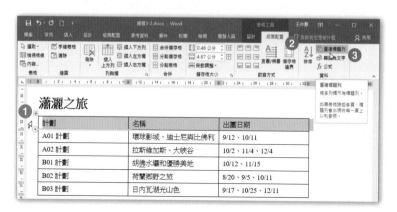

Step.1 選取「瀟灑之旅」標題下方表格的第一列，也就是欲進行跨頁重複標題的整列。

Step.2 點按〔**表格工具**〕底下的〔**版面配置**〕索引標籤。

Step.3 點按〔**資料**〕群組裡的〔**重複標題列**〕命令按鈕。

Step.4 重複表格的標題列後，跨頁表格的每一頁表格頂端皆會顯示標題列。

3-3　建立和修改清單

對於條列式的文句，最常使用的格式設定便是項目符號、項目編號或是多層次項目等清單格式。您除了必須學會這些清單格式設定外，也必須瞭解如何增加縮排、減少縮排，以及重新編號等基本的清單操作。

3-3-1　建立編號或項目符號清單 (****)

在輸入文稿的過程中，經常會有需要輸入編號的多段文稿需求。在 Word 中，您只要依照手寫時的習慣，直接先鍵入編號，然後再輸入段落文稿，當按下 Enter 鍵後，Word 將自動的為您跳號，而且此種方式的輸入，並不侷限於阿拉伯數字，大寫的數字、甚至天干、地支都適用：

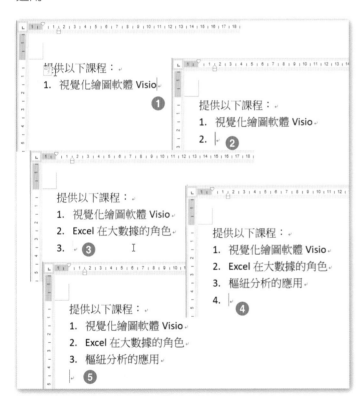

Step.1
輸入阿拉伯數字、小數點、空格並輸入一段文字後，按下 Enter 按鍵，結束第一段文字的輸入。

Step.2
Word 將自動產生下一個編號，讓您持續輸入第二段文字。

Step.3
完成第二段文字的輸入並按下 Enter 按鍵後，繼續自動產生下一個序號。

Step.4
如果不想再繼續輸入下一段落的文稿，只要直接再按一下 Enter 鍵。

Step.5 Word 會自動移除最後一個多餘的編號。

如果事後要在已經完成的條列式文句之間，再插入新的一段文句，聰明的 Word 的也會繼續編號作業喔！

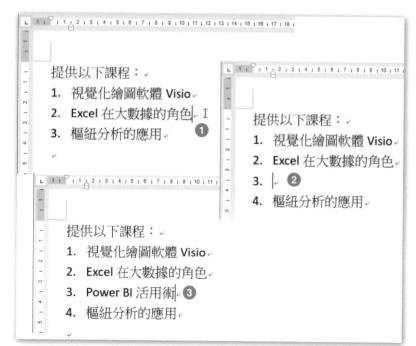

文字插入游標移至編號 2 號的文字尾端，然後按下 Enter 按鍵。

Word 將自動插入新的編號。

輕鬆完成新的一項條列文句。

TIPS & TRICKS

其實，自動編號並不是 Word 2016 的新功能，早在 2002 時就已經有的便捷功能，只要輸入編號、按下小數點，在鍵入空格後，即使尚未輸入後續的內文，在編號之前便會自動呈現一個閃電狀的小按鈕，此為〔**自動校正選項**〕智慧標籤按鈕 (Smart Tag)，後續完成內文的輸入是否要自動編號 (序號)，就可由這個按鈕的點按來決定。不理會這個〔**自動校正選項**〕智慧標籤按鈕時，後續的輸入將自動編號，若不想編號，則可以點按〔**停止自動建立編號清單**〕功能選項。

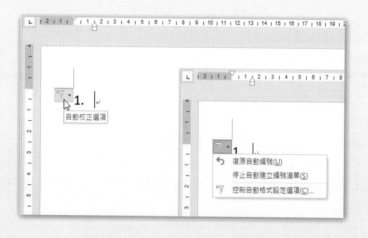

當然，自動編號也不限定在阿拉伯數字，大寫國字也是一種選擇。

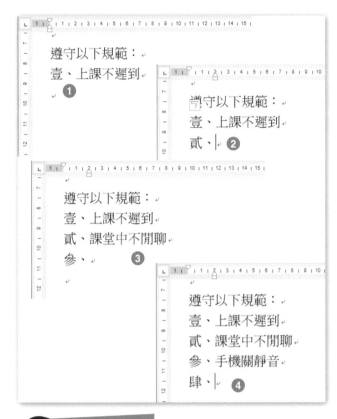

Step.1

輸入國字數字「壹」、標點符號「、」並輸入一段文字後，按下 Enter 按鍵，結束第一段文字的輸入。

Step.2

Word 將自動產生下一個編號，讓您持續輸入第二段文字。

Step.3

完成第二段文字的輸入並按下 Enter 按鍵後，繼續自動產生下一個序號。

Step.4

繼續完成第三段文字的輸入，再按一下 Enter 鍵便自動產生下一個序號。

TIPS & TRICKS

以上所述的自動編號效果是屬於 Word 的〔**輸入時自動套用格式**〕裡最常碰到的即時自動格式功能。此種即時自動格式的功能，在您輸入文稿的過程中會自動地為您套用適當的格式，協助您儘快地完成一份文件的輸入編撰，而不要將太多的時間花費在文字的格式操作上。當然，Word 所提供的〔**即時自動格式**〕之種類非常的多，自動編號只是一種，另外還有〔**內建標題樣式**〕、〔**框線**〕、與〔**自動項目符號**〕等等。您可以利用〔Word 選項〕對話裡的〔**校訂**〕頁面選項操作，在此提供的〔**自動校正選項**〕功能將可以開啟〔**輸入時自動套用格式**〕索引標籤，來檢視並設定或取消各項〔**即時自動格式**〕的效果及功能：

TIPS & TRICKS

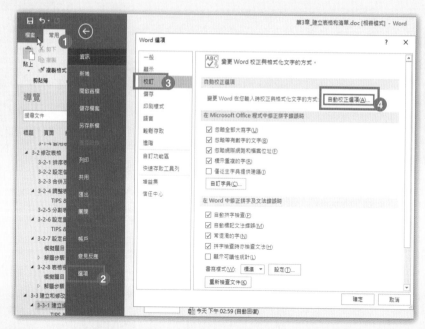

Step.1 點按〔檔案〕索引標籤。

Step.2 進入後台管理頁面,點按〔選項〕。

Step.3 開啟〔Word 選項〕對話頁面,點按〔校訂〕。

Step.4 點按〔自動校正選項〕按鈕。

Step.5

開啟〔自動校正〕對話方塊,點按〔輸入時自動套用格式〕索引頁籤。

Step.6

在此決定輸入時是否自動套用項目符號與編號的設定。

對於已經完成的既有文稿，若有套用項目編號的需求，則只要在選取內文後，點按〔**段落**〕群組裡的相關命令即可輕鬆完成格式設定。

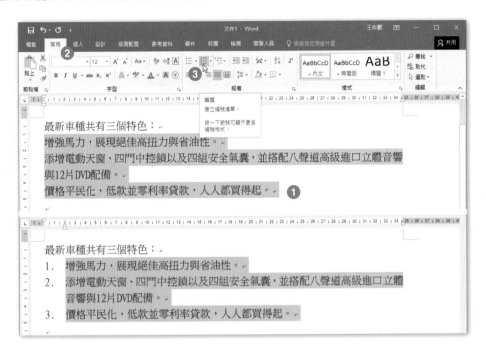

Step.1 選取三個段落的內文。

Step.2 點按〔**常用**〕索引標籤。

Step.3 點按〔**段落**〕群組裡的〔**編號**〕命令按鈕 (意即項目編號)，以順利套用預設的阿拉伯數字編號格式。

若要對選取的條列式內文套用其他編號格式，則可以點按〔**編號**〕命令按鈕旁邊的三角形按鈕，這是一個下拉式選單按鈕，可以展開更多的項目編號清單的選項。

Step.4 從展開的預設項目編號清單中，挑選所要套用的項目編號格式，並立即套用在選取的內文中。

項目符號的格式設定與項目編號的格式設定，都是相同的操作模式，也都提供了現成的預設項目符號格式可供選用。

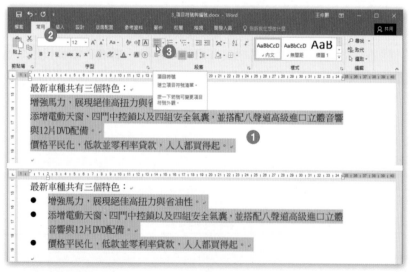

Step.1 選取三個段落的內文。

Step.2 點按〔**常用**〕索引標籤。

Step.3 點按〔**段落**〕群組裡的〔**項目符號**〕命令按鈕，以順利套用預設的黑色圓點項目符號清單格式。

若是覺得預設的黑色圓點項目符號格式太單調，則可以從現成的項目符號清單中挑選適合的符號：

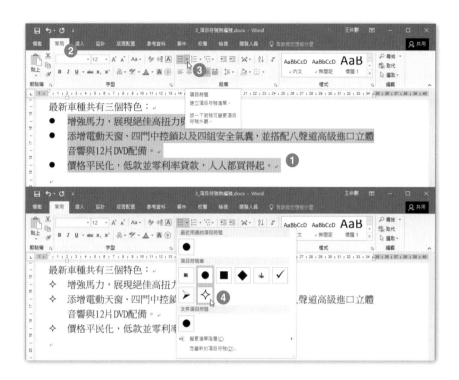

Step.1 選取三個段落的內文。

Step.2 點按〔**常用**〕索引標籤。

Step.3 點按〔**段落**〕群組裡的〔**項目符號**〕命令按鈕右邊的三角形按鈕。

Step.4 從展開的預設項目符號清單中，挑選所要套用的項目符號格式。

若有添增的條列式文字內容，不論是親自輸入還是剪貼自其他來源的內文，都可以輕鬆的自動繼續編號，或者藉由〔複製格式〕的操作，持續項目符號或編號的格式設定。

Step.1 文字游標移至此處，按下 Delete 按鍵，刪除多餘的空白列。

Step.2 選取最後一項編號的條列式文字。例如：「3.樞紐分析表的應用…」。

Step.3 點按〔**常用**〕索引標籤。

Step.4 點按〔**剪貼簿**〕群組裡的〔**複製格式**〕命令按鈕。

Step.5 滑鼠游標將呈現刷子形狀。

- **各種課程特色：**
    1. 視覺化繪圖軟體 Visio，可以協助您製作與資料數據互動的視覺化圖表，並具備互動與協作功能。
    2. Excel 在大數據的角色，可以幫助資訊工作者彙整不同來源的異質性資料，進行資料的彙算、分析、摘要，並可以透過查詢工具篩選所需的資料，利用地圖工具在地理資訊上結合數據分析與動畫圖表。
    3. 樞紐分析的應用，是最完美的資料摘要與統計工具。

    Power BI 活用術將結合五種資料分析工具，包含 Power Query、Power View、Power Map 與 Power Pivot 以及 Desktop BI 讓您成為數據分析高手。
    互動式統計圖表的製作，可以協助您釐清圖表的製作觀念，透過函數與試算表的結合，迅速產生有用的資訊圖表。 ⑥

- **各種課程特色：**
    1. 視覺化繪圖軟體 Visio，可以協助您製作與資料數據互動的視覺化圖表，並具備互動與協作功能。
    2. Excel 在大數據的角色，可以幫助資訊工作者彙整不同來源的異質性資料，進行資料的彙算、分析、摘要，並可以透過查詢工具篩選所需的資料，利用地圖工具在地理資訊上結合數據分析與動畫圖表。
    3. 樞紐分析的應用，是最完美的資料摘要與統計工具。
    4. Power BI 活用術將結合五種資料分析工具，包含 Power Query、Power View、Power Map 與 Power Pivot 以及 Desktop BI 讓您成為數據分析高手。
    5. 互動式統計圖表的製作，可以協助您釐清圖表的製作觀念，透過函數與試算表的結合，迅速產生有用的資訊圖表。 ⑦

Step.6
拖曳後續尚未編號的兩個段落文字。

Step.7
立即將編號清單格式套用在剛剛選取的兩段文字上。

另外一種作法，則是透過剪下、貼上的方式來完成：

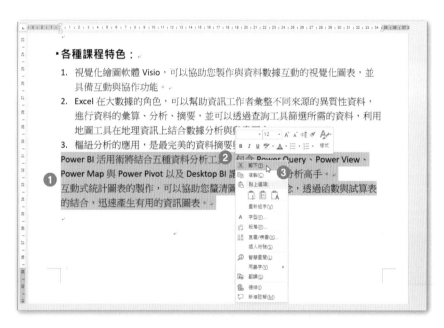

Step.1 選取後續尚未編號的兩個段落文字。

Step.2 以滑鼠右鍵點按選取的文字。

Step.3 從展開的快顯功能表中點按〔**剪下**〕功能選項。

3-53

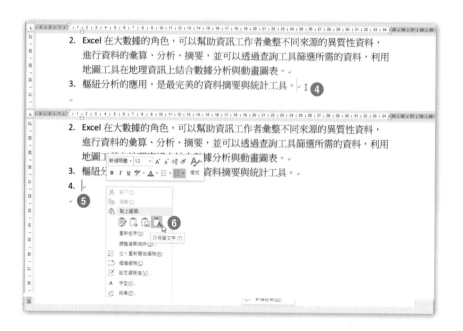

Step.4 文字插入游標移至最後一項編號的條列式文字尾端。例如:「3. 樞紐分析表的應用…。」的最後面。然後,按下 Enter 按鍵。

Step.5 自動產生下一個預設編號「4.」,並以滑鼠右鍵點按「4.」的右側文字插入游標處。

Step.6 從展開的快顯功能表中點選〔只保留文字〕功能選項。

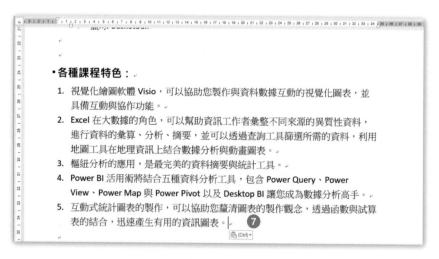

Step.7 先前剪下的文字,在貼上後會繼續自動完成後續編號。

3-3-2 調整清單層級 (***)

如果清單的本文需要區別層次感，也就是要進行縮排，來描述主要項目底下再區隔成次要項目，此時，增加縮排與減少縮排的段落排版，將是您的最佳利器。

Step.1
選取想要成為下一層級的條列文字。

Step.2
點按〔**常用**〕索引標籤。

Step.3
點按〔**段落**〕群組裡的〔**增加縮排**〕命令按鈕。

Step.4
立即完成下一層級的條列文字排版。

Step.5
繼續選取想要成為再下一層級的條列文字。

Step.6
點按〔**段落**〕群組裡的〔**增加縮排**〕命令按鈕。

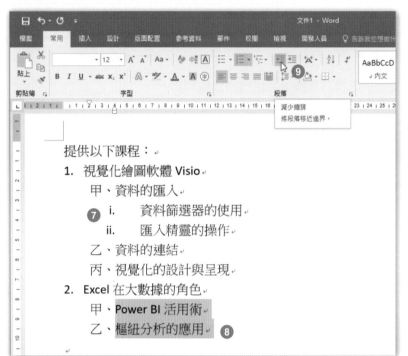

Step.7
立即完成更下一層級的
條列文字排版。

Step.8
選取想要晉升為上一層
級的條列文字。

Step.9
點按〔段落〕群組裡的
〔**減少縮排**〕命令按鈕。

Step.10
立即完成晉升為上一層
級的條列文字排版。

3-3-3 定義自訂項目符號字元或編號格式 (***)

除了傳統的項目編號與項目符號外，您也可以將選定的條列式文字，套用自訂的項目符號。
例如：特殊的字元字型，甚至建立圖片式的項目符號。

圖片式項目符號

以下的範例中，我們將展示如何建立自訂項目符號格式，而此自訂項目符號的來源為圖片檔
案「Brooklyn Nets.png」。

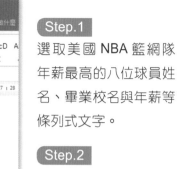

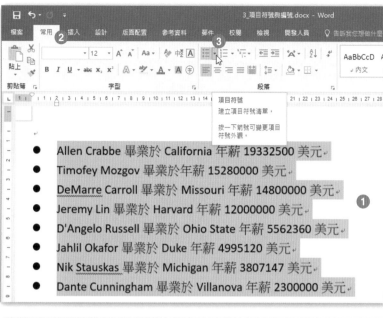

Step.1

選取美國 NBA 籃網隊年薪最高的八位球員姓名、畢業校名與年薪等條列式文字。

Step.2

點按〔**常用**〕索引標籤。

Step.3

點按〔**段落**〕群組裡的〔**項目符號**〕命令按鈕旁邊的三角形按鈕。

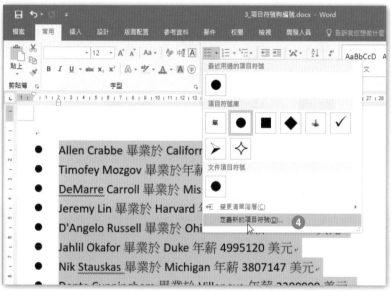

Step.4

從展開的項目符號清單選項中，點選〔**定義新的項目符號**〕功能選項。

Step.5

開啟〔**定義新的項目符號**〕對話方塊，點按〔**圖片**〕按鈕。

進入自動載入圖片對話，若等候太久，可直接點按右下方的〔**離線工作**〕按鈕。

開啟〔**插入圖片**〕選項，點按〔**從檔案**〕右側的〔**瀏覽**〕。

開啟〔**插入圖片**〕對話方塊，選擇圖片所在路徑。

點選圖片檔案。例如：〔Brooklyn Nets.png〕。

點按〔**插入**〕按鈕。

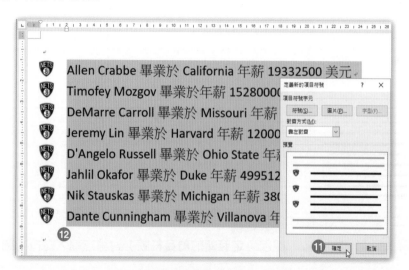

Step.11 回到〔**定義新的項目符號**〕對話方塊，點按〔**確定**〕按鈕。

Step.12 完成圖片式的項目符號格式設定。

項目符號的位置與文字的縮排

此外，修改清單項目符號位置與文字的縮排，也可以讓條列式的文字具有摘要層次的分類效果。例如：以下的範例將含有圖片式項目符號的內文，設定其縮排項目符號位置為 0.8 公分；文字縮排位置為 1.5 公分。

Step.1
選取「足球 Soccer」到「籃球 Basketball」等 6 段文字。

Step.2
以滑鼠右鍵點按選取的文字。

Step.3
從展開的快顯功能表中點選〔**調整清單縮排**〕功能選項。

Step.4
開啟〔**調整清單縮排**〕對話方塊。

Step.5
設定項目符號位置為 0.8 公分；文字縮排 1.5 分。

Step.6
點按〔**確定**〕按鈕。

3-3-4 多階層的清單層級

在建立多層次清單的文件上，Word 也提供有〔**多層次清單**〕命令按鈕，可以協助您組織項目或大綱摘要的文件，還可以變更個別的層次外觀、前導文字、或者在文件中為標題新增編號，製作出章、節、小節等標題文字的段落格式。

增減縮排產生多層次文件

對於一般的內文，透過多層次清單的格式套用後，透過增加縮排或減少縮排的操作，即可產生具有大綱編號的層級效果。

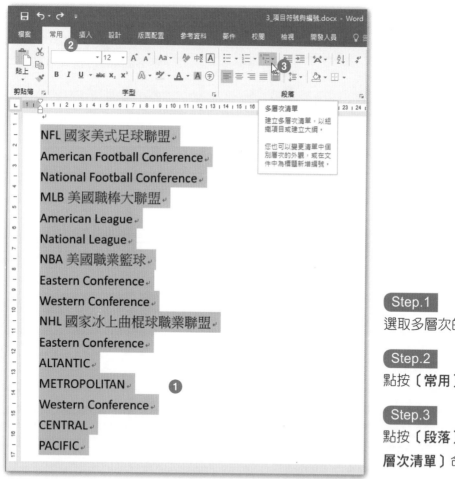

Step.1
選取多層次的段落內文。

Step.2
點按〔**常用**〕索引標籤。

Step.3
點按〔**段落**〕群組裡的〔**多層次清單**〕命令按鈕。

Step.4

從展開的多層次清單中,挑選所要套用的清單格式。例如:「1、1.1、1.1.1、…」。

Step.5 接著,選取清單裡的各層級內文,進行層級的調整。

Step.6 點按〔**段落**〕群組裡的〔**增加縮排**〕命令按鈕。

Step.7 依此類推,選取清單裡的其他各層級內文,繼續進行層級的調整。

Step.8 點按〔**段落**〕群組裡的〔**增加縮排**〕命令按鈕。

對於具備縮排效果的條列式編號內文,是非常適合套用多層次清單格式的,甚至,您也可以透過〔定義多層次清單〕對話方塊的操作,設定每一個階層編號的數字格式、連結各階層的樣式、各階層的數字對齊及文字縮排格式,鉅細靡遺的設定選項,讓您可以創造出專業的大綱摘要文件,以及目錄層級架構的專業版面素材。

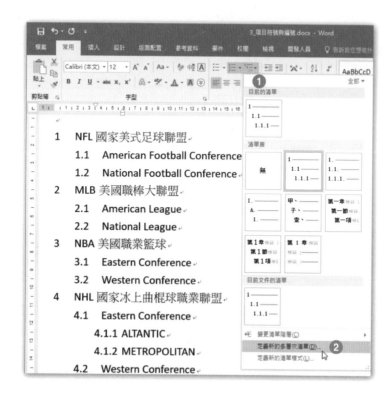

Step.1
點按〔段落〕群組裡的〔多層次清單〕命令按鈕。

Step.2
從展開的多層次清單中,點按〔定義新的多層次清單〕功能選項。

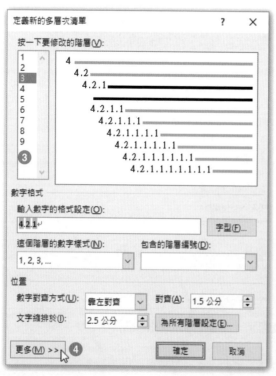

Step.3
開啟〔定義多層次清單〕對話方塊,顯示最多九個階層的多層次清單格式設定操作。

Step.4
點按〔更多〕按鈕。

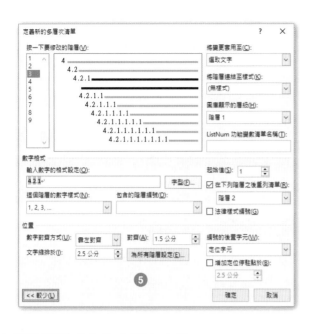

Step.5
讓〔**定義多層次清單**〕對話方塊有更多的選項設定，包含各階層的連結樣式、層級顯示以及起始值等設定。

套用階層樣式產生多層次文件

由於 Word 本身就內建了許多具備階層格式的現成樣式，例如：標題 1、標題 2、標題 3、… 甚至也允許使用者自行建立自訂的客製化樣式。因此，對於章節標題的文字，在套用了預設的標題樣式後，再使用多層次清單功能，就可以建立具備層次感與階層效果的條列文字排版。例如：將下列已經套用了特定文字格式（紅色字型、藍色字型以及 11pt 的黑色字型）的內文，分別套用預設的標題 1、標題 2 以及標題 3 樣式，再透過多層級次的清單功能，自動產生多階層大綱或目錄文件。

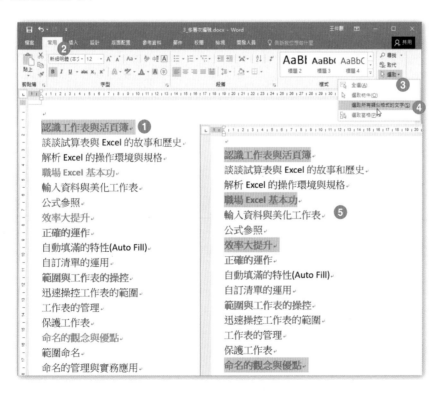

Step.1 選取文件裡的任何一段紅色文字（此例中，我們想設定紅色文字為第一階層的文字）。

Step.2 點按〔**常用**〕索引標籤。

Step.3 點按〔**編輯**〕群組裡的〔**選取**〕命令按鈕。

Step.4 從展開的下拉式選單中點選〔**選取格式設定類似的所有文字**〕功能選項。

Step.5 Word 將自動選取整份文件裡所有套用相同格式的紅色文字。

Step.6
點按套用〔**樣式**〕群組裡的〔**標題 1**〕，讓已經選取的紅色文字全部套用此樣式。

TIPS & TRICKS

若〔**標題**〕群組裡並沒有顯示所要套用的預設清單，則可以點按〔**樣式**〕群組裡的〔**其他**〕按鈕，即可開啟〔**樣式窗格**〕，顯示更完整的樣式選單讓您可以選擇套用。

3-3-5　重新開始或繼續清單編號

在內容豐富的文件裡，前後文之間或許夾雜兩個以上的條列式文字與清單，而後續的清單項目其編號是要重新開始算起，還是要接續上一個清單繼續編號，完全可由您自行決定。

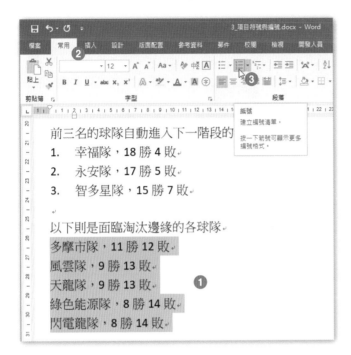

Step.1
選取文件裡的第二份清單文字。

Step.2
點按〔**常用**〕索引標籤。

Step.3
點按〔**段落**〕群組裡的項目〔**編號**〕命令按鈕。

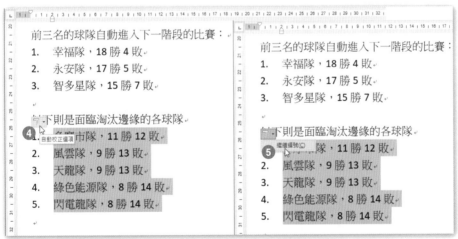

Step.4　Word 自動為選取的文字套用編號，此例為重新編號。在左上方亦顯示了〔**自動校正選項**〕智慧標籤 (Smart Tag) 按鈕，詢問您是否要接受或變更此編號方式。

Step.5　點按〔**自動校正選項**〕智慧標籤 (Smart Tag) 按鈕，選擇〔**繼續編號**〕功能選項。

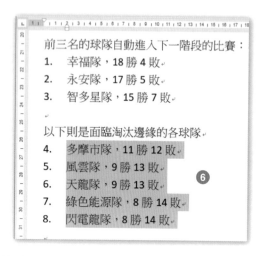

Step.6

立即將選取的文字改為延續前一份清單的編號。

常常有許多使用者在進行選取文字套用清單格式時，忽略了〔**自動校正選項**〕智慧標籤 (Smart Tag) 此一按鈕的點按，而錯失了當下改變清單編號要重新開始編號或繼續編號的契機，不過，沒關係！事後都可以再次選取文字，進行相同的操作，讓〔**自動校正選項**〕智慧標籤 (Smart Tag) 按鈕再次重現。當然，您也可以參考下一小節〔**設定起始編號值**〕介紹，自行決定清單編號設定。

3-3-6　設定起始編號值 (**)

對於前一小節所提及的清單編號問題，除了重新開始或繼續清單編號外，您也可以透過〔**設定起始編號值**〕的操作，自行決定重新編號的起始號碼，更彈性的格式化清單編號，這在應用於特定的編號、序號、…將有莫大的助益。

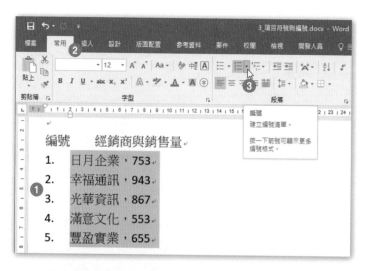

Step.1　選取原本已經設定清單編號的內文。

Step.2　點按〔**常用**〕索引標籤。

Step.3　點按〔**段落**〕群組裡的項目〔**編號**〕命令按鈕旁邊的三角形按鈕。

Step.4 從展開的項目符號清單選項中，點選〔**設定編號值**〕功能選項。

Step.5 開啟〔**設定編號值**〕對話方塊，刪除原本的預設值。

Step.6 輸入新的清單編號起始值，例如「2083」。

Step.7 按下〔**確定**〕按鈕，完成清單的新編號設定。

實作練習

➤ 開啟〔**練習 3-3.docx**〕文件檔案：

1. 將 " 最實惠的行程 " 開始的縮排清單，套用項目符號。

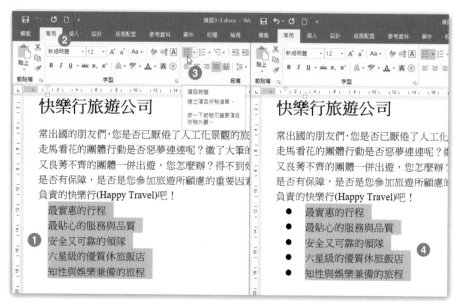

Step.1 選取 " 最實惠的行程 " 開始的縮排清單，總共五個段落文字。

Step.2 點按〔**常用**〕索引標籤。

Step.3 點按〔**段落**〕群組裡的〔**項目符號**〕命令按鈕。

Step.4 完成套用預設的項目符號。

2. 將標題文字 " 十二天的美洲行程 " 底下從 " 加拿大西部風光 " 開始算起的 6
   行文字，格式化為 I、II、III、…等羅馬數字編號清單。

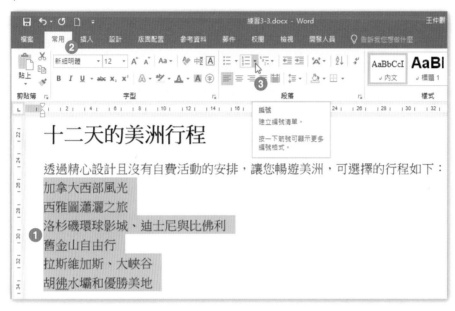

Step.1 開啟文件檔案後，選取標題文字 " 十二天的美洲行程 " 底下從 " 加拿大西
部風光 " 開始算起的 6 個段落文字。

Step.2 點按〔**常用**〕索引標籤。

Step.3 點按〔**段落**〕群組裡〔**編號**〕命令按鈕右側的倒三角形下拉式選項按鈕。

Step.4 從展開的編號清單中，點選羅馬數字格式的項目編號清單。

Step.5 立即完成編號清單的格式套用。

3. 將最後一頁標題文字 " 史上最具 CP 值之旅 " 下方的段落文字 " 東京迪士尼，…韓粉血拚團自由行 " 格式化為項目符號清單，並且自訂項目符號為〔圖片〕資料夾裡的圖片檔案 " 飛機 .png "。

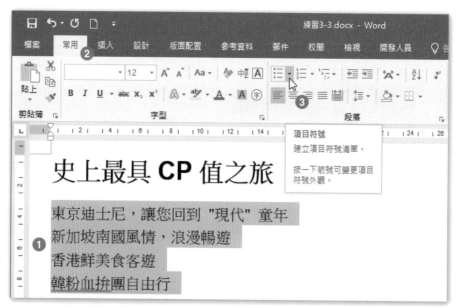

Step.1 選取最後一頁標題文字 " 史上最具 CP 值之旅 " 下方從 " 東京迪士尼… " 開始，到 " 韓粉血拚團自由行 " 的 4 個段落文字。

Step.2 點按〔常用〕索引標籤。

Step.3 點按〔段落〕群組裡〔項目符號〕命令按鈕右側的倒三角形下拉式選項按鈕。

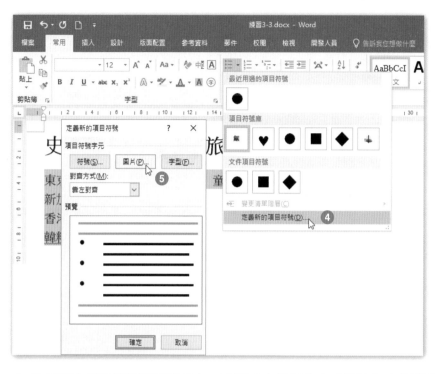

Step.4 從展開的項目符號清單選項中，點選〔**定義新的項目符號**〕功能選項。

Step.5 開啟〔**定義新的項目符號**〕對話方塊，點按〔**圖片**〕按鈕。

Step.6 開啟〔**插入圖片**〕選項，點按〔**從檔案**〕右側的〔**瀏覽**〕。

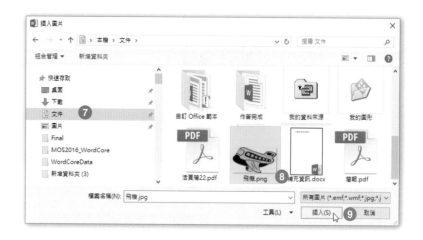

Step.7 開啟〔插入圖片〕對話方塊，選擇圖片所在路徑。

Step.8 點選圖片檔案。例如：〔飛機 .png〕。

Step.9 點按〔插入〕按鈕。

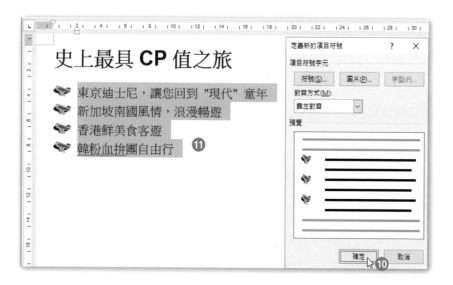

Step.10 回到〔定義新的項目符號〕對話方塊，點按〔確定〕按鈕。

Step.11 完成圖片式的項目符號格式設定。

4. 對第 2 頁標題文字 " 知性與娛樂兼備的城市之旅 " 底下的「i」、「ii」與
「iii」段落的清單減少一個縮排層級,產生的段落清單標記應該為「甲」、
「乙」與「丙」。

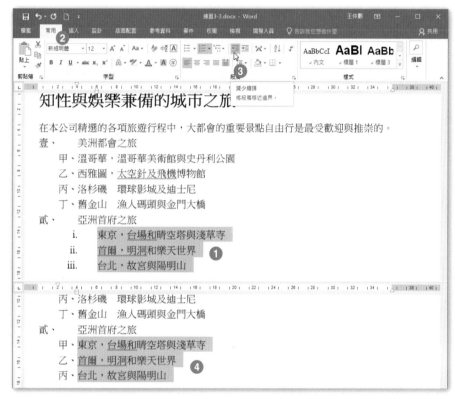

Step.1 開啟文件檔案後,選取題文字 " 知性與娛樂兼備的城市之旅 " 底下原本以
羅馬數字編號排列的清單文字。

Step.2 點按〔**常用**〕索引標籤。

Step.3 點按〔**段落**〕群組裡的〔**減少縮排**〕命令按鈕。

Step.4 完成新的清單編號格式套用。

5. 將〔**其他注意事項**〕標題下方最後三段文字 " 每筆訂單不得超過…方可付款並進行開票作業。" 搬移到編號清單裡,並繼續既有的編號順序。

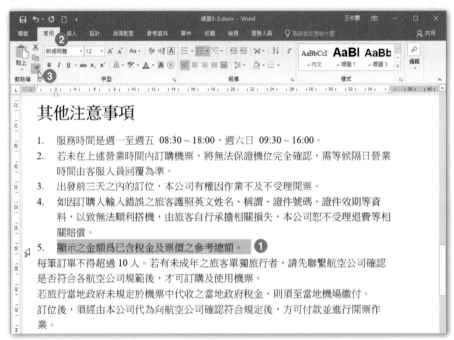

Step.1 開啟文件檔案後,選取〔**其他注意事項**〕標題下方已經套用編號的清單文字。例如:「5. 顯示之金額　已含稅金及票價之參考總額。」這段文字。

Step.2 點按〔**常用**〕索引標籤。

Step.3 點按〔**剪貼簿**〕群組裡的〔**複製格式**〕命令按鈕。

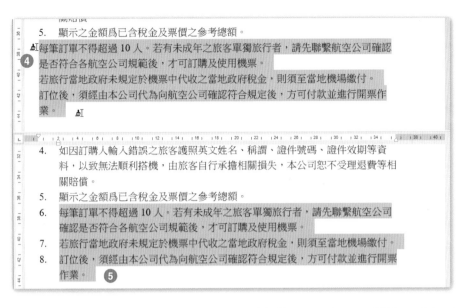

Step.4 滑鼠游標將呈現刷子形狀，拖曳從「每筆訂單不得…」開始，到「…進行開票作業。」等三個段落文字。

Step.5 立即將編號清單格式套用在剛剛選取的三段文字上。

6. 將〔**付款方式**〕標題底下的第 2 個清單編號裡開始的〝1. Apple Pay〞，修改其編號值從〝6〞開始編號。

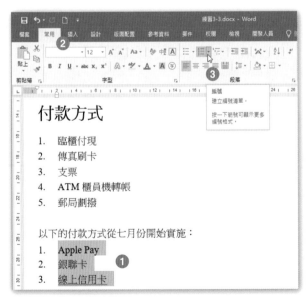

Step.1 開啟文件檔案後，選取〔**付款方式**〕標題底下的第 2 個清單編號文字，總共 3 個段落。

Step.2 點按〔**常用**〕索引標籤。

Step.3 點按〔**段落**〕群組裡的項目〔**編號**〕命令按鈕旁邊的倒三角形下拉式選項按鈕。

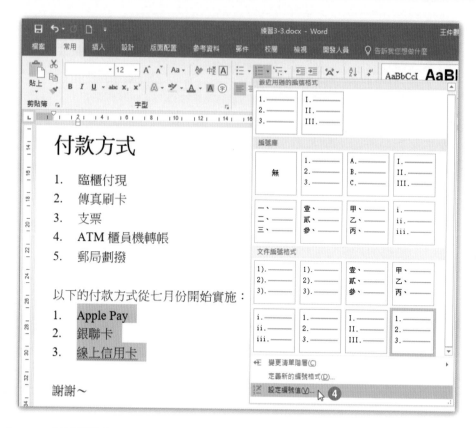

Step.4 從展開的編號清單選項中，點選〔**設定編號值**〕功能選項。

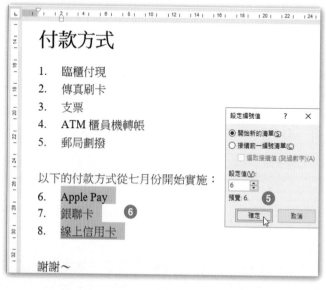

Step.5 開啟〔**設定編號值**〕對話方塊，刪除原本的預設值，並輸入新的清單編號起始值為「6」，然後按下〔**確定**〕按鈕。

Step.6 完成清單的新編號設定。

Chapter 04 | 建立與管理參照

長篇文章的編排是文書處理中極為重要的一環，其中註腳、章節附註、引文的建立與運用，書目的建立及標號的建立和編輯，也常是文件參照的最佳工具與相關認證考試的重點。此外，針對文章裡的插圖、表格，進行標號與圖說文字的編輯，也是必須學會的技能。

4-1 建立及管理參照標記

對於長篇文稿，例如研究所的論文、高工高職的小論文、講義、書本、專欄、…大都會有章節的標示、專有名詞的註腳編撰 (FootNote)，而對於重要的參照來源，也都會建立引文，甚至編製書目，這些都是基本的長篇文稿編輯元素，只要透過 Word 編輯長篇文件，這些都是重要的技巧喔！

4-1-1 插入註腳與章節附註 (*)

就像是國文課本中每一課後面的註釋一般，考試的時候大家都背的死去活來，就可看出註釋的重要。在利用 Word 編輯文稿的應用中，您也可以選取文稿中重要的單字或專有辭彙，然後進行一段註釋編輯，這一段註釋編輯皆稱之為「註腳」(FootNote)。註腳可以放在當頁之下緣即稱為「註腳」，或者，也可以將所有的註腳放在整篇文稿的最後一頁，即稱之為「章節附註」。而每次編輯一個註腳就會自動編上一個號碼，譬如註 1、註 2、註 3、註 4、…等等。當然，您也不一定要採用阿拉伯數字來編號，也可以使用英文字母、羅馬數字、甚至改採自定標記的方式，也就是使用星號、井字號或特殊字元等符號來標示每一個註腳。

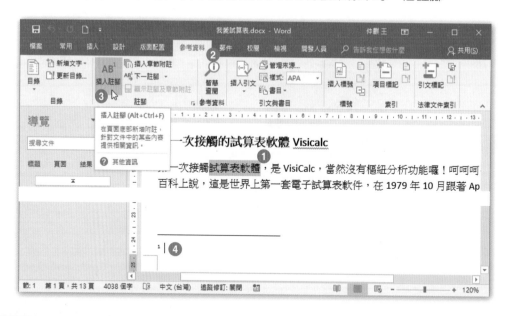

Step.1 選取文章裡想要設定含有註腳的文字。

Step.2 點按〔**參考資料**〕索引標籤。

Step.3 點按〔**註腳**〕群組裡的〔**插入註腳**〕命令按鈕。

Step.4 畫面立即顯示出註腳文字輸入區域與編號。

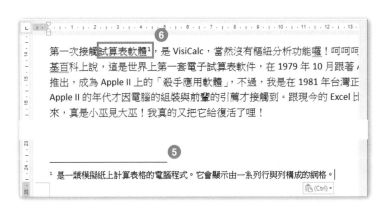

Step.5 進行註腳文字的編輯。

Step.6 而文章上的註腳單字旁也將標示有註腳編號。

Step.7 繼續選取文章裡另一個想要設定含有註腳的文字。

Step.8 再度點按〔**參考資料**〕索引標籤。

Step.9 點按〔**註腳**〕群組裡的〔**插入註腳**〕命令按鈕。

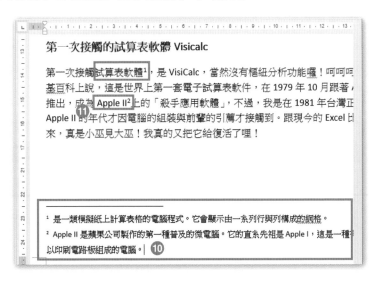

Step.10 繼續進行註腳文字的編輯。

Step.11 而文章上的註腳單字旁也將標示註腳的後續編號。

4-1-2　修改註腳與章節附註屬性

〔**插入章節附註**〕則是屬於呈現在文件最尾端的附註說明，亦可提供文件中的某些內容相關的資訊與註解或引文。而章節附註編號仍是以上標註的號碼呈現於文件裡。

Step.1　點按〔**參考資料**〕索引標籤。

Step.2　點按〔**註腳**〕群組裡的〔**插入章節附註**〕命令按鈕。

Step.3　最後一頁立即顯示出章節附註的編號及文字輸入區域。

此外，透過〔**註腳與章節附註**〕對話方塊的操作，將可以決定原本完成編輯的註腳到底要插入在本頁下緣，還是文稿結尾處。此外，註腳編號也並不一定要用阿拉伯數字，您也可自訂標記符號，意即親自輸入一個字元符號，或者點按一下〔**符號**〕按鈕，將編號改以選定的特殊符號來表達。

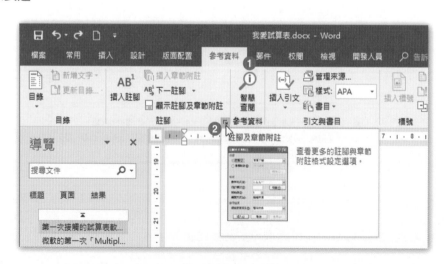

Step.1 　點按〔**參考資料**〕索引標籤。

Step.2 　點按〔**註腳**〕群組名稱旁的對話方塊啟動器按鈕。

Step.3

開啟〔**註腳及章節附註**〕對話方塊，點按〔**轉換**〕按鈕。

Step.4

開啟〔**轉換註腳與附註**〕對話方塊，可以進行註腳的轉換。

4-1-3　建立書目引文來源

Microsoft Word 的引文管理是一個製作標準化參考文獻的機制，讓論文寫作時可以輕鬆建立並管理引文的來源。在使用前，可以先選擇論文中所要採用的格式 (樣式)，在 Word 中提供了最普及的 APA(第六版)、MLA(第七版) 以及 Chicago(第十五版)、…等學位論文撰寫格式。

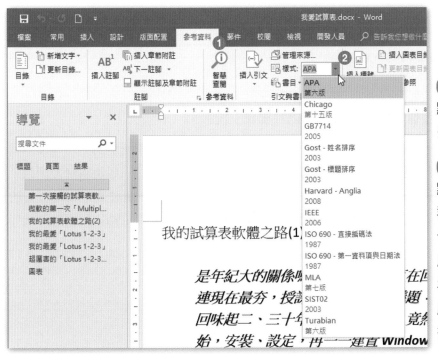

Step.1

點按〔**參考資料**〕索引標籤。

Step.2

點按〔**引文與書目**〕群組內的〔**樣式**〕命令按鈕可以讓您選擇所要使用的論文撰寫格式，這裡的挑選也將影響建立來源時的書目欄位對話選項。

例如：在〔**參考資料**〕索引標籤裡〔**引文與書目**〕群組內的〔**管理來源**〕可以開啟〔**來源管理員**〕對話方塊，協助您進行組織並管理文章裡的引用來源。

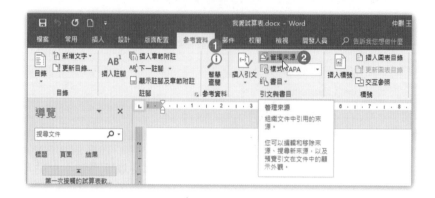

Step.1　點按〔**參考資料**〕索引標籤。

Step.2　點按〔**引文與書目**〕群組內的〔**管理來源**〕命令按鈕。

在〔**來源管理員**〕對話方塊裡可以在此新增、移除、編輯引文的來源，亦可在此預覽引文在文件裡的顯示外觀。

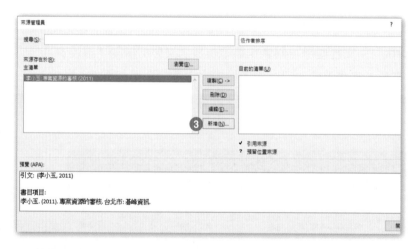

Step.3　開啟〔**來源管理員**〕對話方塊，點按〔**新增**〕按鈕。

以點按〔**來源管理員**〕對話方塊裡的〔**新增**〕按鈕為例，開啟〔**建立來源**〕對話方塊後，只要勾選〔**顯示所有書目欄位**〕核取方塊，即可顯示選定的來源類型其每一個資料欄位項目，讓您順利建置完整的書目來源。例如：以新版本的 Word 2013 而言，還提供有 DOI 欄位的填寫，真是貼心且進化的設計（DOI 是 digital object indicator 的縮寫，為的就是用一個固定的網址，讓研究者能更迅速地找到所需要的文章）。

Step.4
開啟〔**建立來源**〕
對話方塊，勾選
〔**顯示所有書目欄
位**〕核取方塊。

Step.5
不同的來源類型，
諸如：圖書、期刊
文章、雜誌文章、
研討會論文集、…
都會有不同的書目
欄位。

Step.6
完成輸入後可點按
〔**確定**〕按鈕。

4-1-4　插入書目的引文

雖然建立論文中製作引用的引文來源是件辛苦的差事，但是，爾後在論文中就可以隨時適切
地插入引文了！例如：只要先移動文字游標至想要插入引文之處，然後，點按〔**參考資料**〕
索引標籤裡〔**引文與書目**〕群組內的〔**插入引文**〕命令按鈕，即可從展開的清單中點選所要
插入的引文。

Step.1　將文字插入游標移至內文「一家獨大的今天」右側。

Step.2　點按〔**參考資料**〕索引標籤。

Step.3　點按〔**引文與書目**〕群組裡的〔**插入引文**〕命令按鈕。

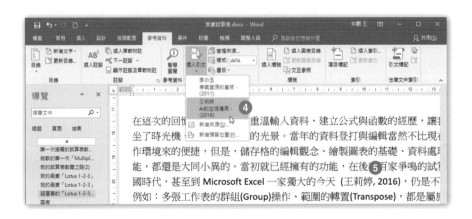

Step.4 從展開的引文選單中點選所要的引文。

Step.5 順利插入引文於內文中。

完成引文的插入後，便可以在文中看到這個引文，而此引文在 **Word** 的編輯環境下，是屬於建置組塊的結構，所以，您也可以在文件裡點按它，再從展開的下拉式功能選單中編輯此引文或編輯其來源，甚至更新引文與書目。例如：所插入的引文是屬於某圖書某章節裡的引述，僅顯示作者姓名、標題與年份，若有添增頁數的需求，即可點按此文中的引文建置組塊，並從展開的功能選單中，點選〔**編輯引文**〕功能選項，便可以立即開啟〔**編輯引文**〕對話方塊，直接在此輸入頁數。

內文裡的引文也是一種智慧型的物件，點按其右側的〔**引文選項**〕按鈕，亦可展開與此引文相關的功能選單，提供諸如：〔**編輯引文**〕、〔**編輯來源**〕、〔**轉換引文為靜態文字**〕與〔**更新引文與書目**〕等功能選項。

4-1-5 修改書目引文來源 (*)

若有修改引文的需求，隨時可以進入引文的管理來源對話，進行相關的編輯與操作。例如：以下將調整某一引文的參照年度。

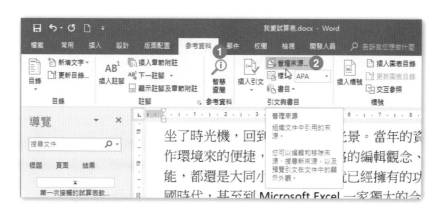

Step.1 點按〔**參考資料**〕索引標籤。

Step.2 點按〔**引文與書目**〕群組內的〔**管理來源**〕命令按鈕。

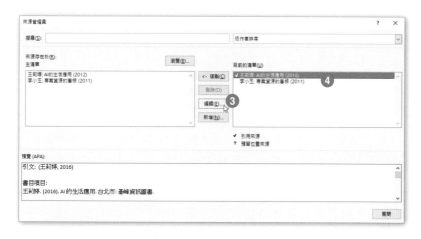

Step.3 開啟〔**來源管理員**〕對話方塊,點選想要編輯的引文。

Step.4 點按〔**編輯**〕按鈕。

Step.5 開啟〔**編輯來源**〕對話方塊,點選想要修改的欄位,例如:年。

Step.6 輸入更新的資料後,點按〔**確定**〕按鈕。

Step.7 顯示是否更新清單的對話時，點按〔**是**〕按鈕。

Step.8 回到〔**來源管理員**〕對話方塊，點按〔**關閉**〕按鈕。

坐了時光機，回到三十年前的光景。當年的資料登打與編輯當然不比現行
作環境來的便捷，但是，儲存格的編輯觀念、繪製圖表的基礎、資料處理
能，都還是大同小異的。當初就已經擁有的功能，在後來百家爭鳴的試算
國時代，甚至到 Microsoft Excel 一家獨大的今天 (王莉婷, 2012)，仍是不
例如：多張工作表的群組(Group)操作、範圍轉置(Transpose)，都是屬於
的功能，三十年過去了，仍是如此！最近教授 Excel 時，許多持續使用 E

Step.9 順利在內文裡看到編輯完成的引文。

至於要如何在文末加入書目呢？只要遵循以下的操作步驟，一切輕鬆容易！

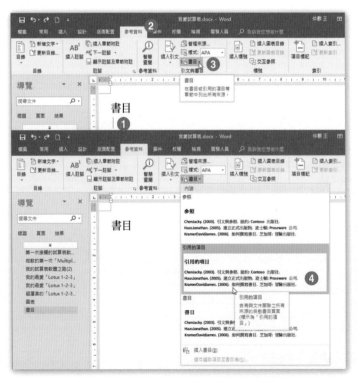

Step.1
按下鍵盤上的 Ctrl 與 End 按鍵，讓文字插入游標迅速移動至整篇文件的最尾端。

Step.2
點按〔**參考資料**〕索引標籤。

Step.3
點按〔**引文與書目**〕群組裡的〔**書目**〕命令按鈕。

Step.4
從展開的書目選單中選所要套用的〔**書目**〕樣式。

Step.5 立即完成書目的建立。

在文末的參考文獻通常須另起一新頁,置於論文正文之後,必須列出論文中引用之中英文期刊論文及書目,整理論文中這些引用的中英文期刊論文之作者姓氏、出版年次、技術資料、期刊名稱、版序、頁碼等內容。而在 Word 中便提供有書目的專用樣式,書目的編製與排版。在章節編排的層級來看,這一頁(篇幅較長時當然就不只一頁)是屬於「章」的層級,而章名則以「書目」或「參考文獻」為佳。

4-1-6 插入圖與表格標號

在長篇文稿、說明書、專業報告或論文等文章當中難免會有一些插圖、表格、圖示,您便可以透過圖表標號的設定,在文稿中針對每一個插圖,標示圖 1(Figure 1)、圖 2(Figure 2)、表 1(Table 1)、表 2(Table 2)、方程式 1(Equation 1)、方程式 2(Equation 2)、…等訊息。甚至也可以建立自訂的標號標籤、設定不同的標號格式。譬如,您可以點選文稿中的插圖或將文字游標移至該處,即可進行圖表標號的設定。

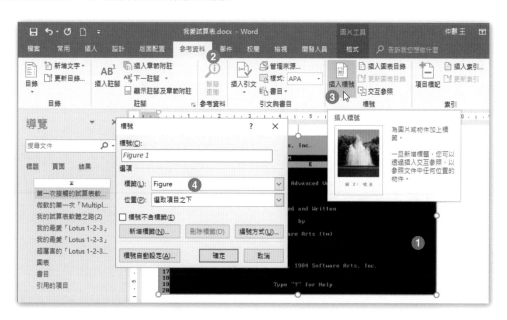

Step.1 點選文件裡的圖表物件。

Step.2　點按〔**參考資料**〕索引標籤。

Step.3　點按〔**標號**〕群組裡的〔**插入標號**〕命令按鈕。

Step.4　點選標號的標籤為〔Figure〕。

Figure 1 *第一套試算表應用程式*

Step.5　點按此處，輸入「第一套試算表應用程式」。

Step.6　點選〔**選取項目之下**〕。

Step.7　點按〔**確定**〕按鈕。

Step.8　顯示在圖案下方，以 Figure 1 為標籤的標號文字。

4-1-7 修改標號屬性

在標號文字方塊中將會看到 Word 自動編上的號碼，您也隨即可以在此號碼之後輸入對該插圖的說明文字。而在標籤文字上，一共提供有〔Figure〕（圖表）、〔Table〕（表格）、〔Equation〕（方程式）等三種預設的標籤，不過，您也可以點按〔**標號**〕對話方塊裡的〔**新增標籤**〕按鈕，自行設定添加諸如〔**圖形**〕、〔figure〕、〔Table〕、〔Chart〕、…等等新標籤，以後就變成除了有圖表 1、圖表 2、圖表 3、表格 1、表格 2、表格 3 外，還會有圖形 1、圖形 2、圖形 3、figure 1、figure 2、figure3 等等的選擇。

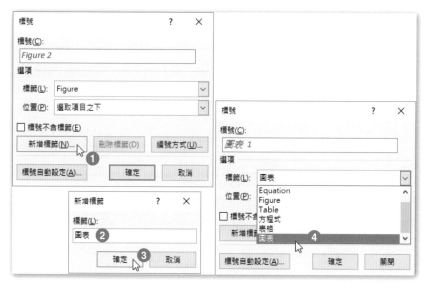

Step.1　點按〔**標號**〕對話方塊裡的〔**新增標籤**〕按鈕。

Step.2　輸入自訂的新標籤名稱，譬如：〔圖表〕。

Step.3　點按〔**確定**〕按鈕。

Step.4　即有新的標號標籤可供選擇。

只要文章中的標號有增加或刪除，則其餘的標號均會重新編號，這是一個非常值得您學習應用的排版功能，希望您能多做練習。

➤ 開啟〔**練習 4-1.docx**〕文件檔案：

1. 到第 1 頁，在 " 金祥麗企業 " 的右側插入一個註腳，並請剪下文字 " 備註：…已經有 30 年的歷史。" ，將其貼到註腳區，成為註腳的內容。

解

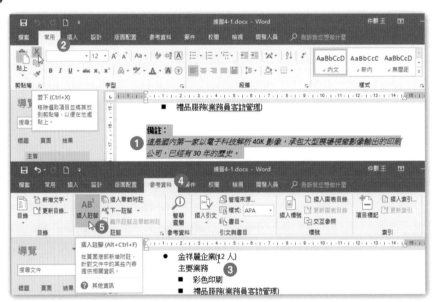

Step.1 選取文字 " 備註：… 已經有 30 年的歷史。"。

Step.2 點選〔**常用**〕索引標籤底下〔**剪貼簿**〕群組裡的〔**剪下**〕命令按鈕。

Step.3 將文字插入游標移至標題文字 " 金祥麗企業 " 的右側。

Step.4 點按〔**參考資料**〕索引標籤。

Step.5 點按〔**註腳**〕群組裡的〔**插入註腳**〕命令按鈕。

Step.6 頁面底部顯示註腳編輯區,並產生 1 號註腳,將文字插入游標移至此處。

Step.7 點按〔**剪貼簿**〕群組裡〔**貼上**〕命令按鈕的下半部按鈕。

Step.8 從展開的功能選單中點選〔**只保留文字**〕選項。

Step.9 完成註腳文字的貼上。

2. 修改引文來源,將 " 年 " 修改為 "2011"。

解

Step.1 點按〔**參考資料**〕索引標籤。

Step.2 點按〔**引文與書目**〕群組裡的〔**管理來源**〕命令按鈕。

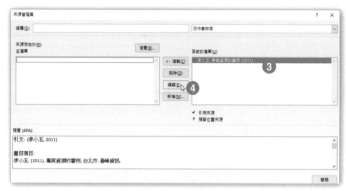

Step.3 開 啟 〔 **來 源 管 理 員**〕對話方塊,點 選目前的清單來源 項目。

Step. 點 按 〔 **編 輯** 〕 按 鈕。

Step.5 開啟〔**編輯來源**〕對話方塊,點選〔**年**〕文字方塊。

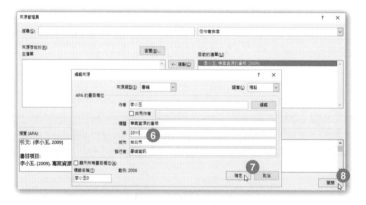

Step.6 輸入〔**年**〕為「2011」。

Step.7 點按〔**確認**〕按鈕(若有顯示變更清單的對話,點按〔**是**〕按鈕)。

Step.8 點按〔**關閉**〕按鈕,結束〔**來源管理員**〕對話方塊的操作。

4-2 建立及管理簡單參照

長篇文件大都會有製作目錄頁的需求，但目錄頁的製作並非想像中的困難，是有許多不同技巧可遵循的。基本上，Word 目錄頁的製作有三種手法：

➤ 套用現成的標題樣式，諸如：「標題 1」、「標題 2」、「標題 3」等樣式至內文中的章節段落文字，再由 Word 自動為您創造出目錄頁。

➤ 自行建立專屬的樣式，並套用在內文中的章節段落文字上，再設定哪些專屬樣式是套用於章的標題文字，哪些專屬樣式是套用於節的標題文字，最後再由 Word 以您自行建立的專屬樣式來建立目錄頁。

➤ 直接在內文中逐一選取章節段落文字，然後插入目錄功能變數代碼，並規範每一個目錄功能變數代碼的目錄層級（也就是章、節、小節的區分），最後，再由 Word 根據文中的目錄功能變數代碼來建立目錄頁。

由於篇幅的限制，在以下的實作練習中，我們將引領您以最簡單、迅速的第一種手法，在幾秒鐘內立刻製作出目錄頁，只要十秒鐘，一點都不誇張喔～

4-2-1 插入標準目錄 (*)

只要文件裡對於章節標題的文字，套用了現成的「標題 1」、「標題 2」、「標題 3」等樣式，便可以以輕鬆製作預設的標準目錄。

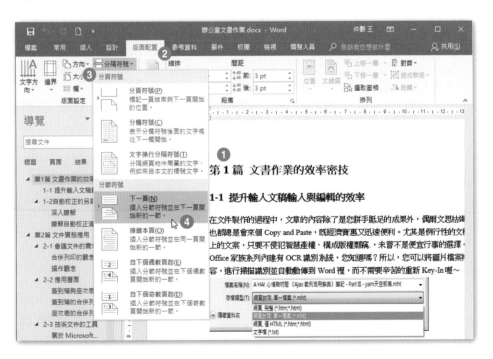

Step.1 點按鍵盤的 Ctrl + Home 按鍵，可將文字游標立即移至全文的開頭處。

Step.2 點按〔**版面配置**〕索引標籤。

Step.3 點按〔**版面設定**〕群組裡的〔**分隔設定**〕命令按鈕。

Step.4 從展開的下拉式功能選單中點選〔**分節符號**〕底下的〔**下一頁**〕功能選項。

Step.5 文字插入游標移至剛剛產生的第一頁空白頁上。

Step.6 點按〔**參考資料**〕索引標籤。

Step.7 點按〔**目錄**〕群組裡的〔**目錄**〕命令按鈕。

Step.8 從展開的〔**目錄**〕下拉式選單中 (現成的目錄組件)，點選所要套用的目錄樣式，譬如：〔**自動目錄 2**〕。

隨即將本文中所有已經標示為「標題 1」與「標題 2」的段落文字，全部擷取出來產生了目錄頁。沒錯吧！5 秒鐘就產生了～

4-2-2　更新目錄 (*)

如果文件裡的章節標題文字有所異動,或者因為文件內容的增減而導致章節所在處的頁碼已經異動,照理說,目錄的內容也應該要有所更正才對,不過,這一切對 Word 而言也是小菜一碟,因為,更新目錄也是 Word 目錄編輯過程中的基本功能而已。

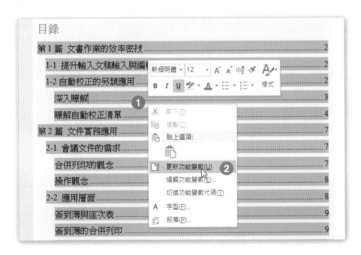

Step.1
以滑鼠右鍵點按既有的目錄。

Step.2
從展開的快顯功能表中點選〔**更新功能變數**〕功能選項。

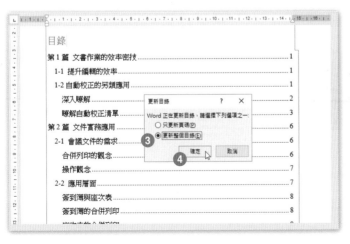

Step.3
開啟〔**更新目錄**〕對話方塊,點選〔**更新整個目錄**〕選項。

Step.4
目錄裡所有的章節標題文字、頁碼,皆自動更新為最新狀態。

4-2-3　插入封面 (*)

萬事俱備，就差封面囉！放心，在 Word 2016 裡即提供了許多現成的封面組件，讓您輕輕鬆鬆地點選套用，您只需稍微修改一下所需的資訊，譬如：封面文字、封面插圖，美觀大方的文件就完成了！

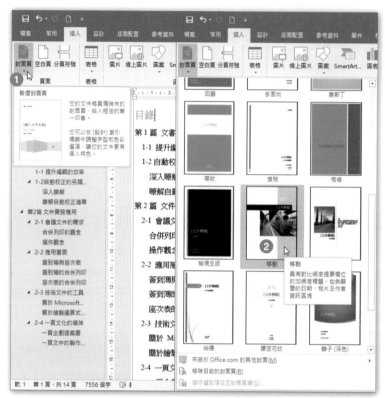

Step.1

不用選取文件裡的任何文字，直接點按〔**插入**〕索引標籤裡〔**頁面**〕群組內的〔**封面頁**〕命令按鈕。

Step.2

從展開的現成封面組件中，點按您所要選用的封面，譬如：點選了名為〔**移動**〕的封面組件，這是一個含有預設圖片的封面。

Step.3　立即在整份文件的最前面添增了封面頁。您可以點選封面裡的快速組件，諸如：預設的〔**文件標題**〕或〔**年**〕份以修改其內容。

Step.4　以滑鼠右鍵點按封面裡的預設現成圖片。

Step.5　從展開的快顯功能表中點選〔**變更圖片**〕功能選項,便可以改變封面的圖片。

Step.6　從展開的副選單中點選〔**從檔案**〕功能選項。

Step.7　開啟〔**插入圖片**〕對話,選擇所要套用的圖片檔案。

Step.8　點按〔**插入**〕按鈕。

Step.9　完成封面圖片的更新。

實作練習

➤ 開啟〔**練習** 4-2.docx〕文件檔案：

1. 在首頁新增內建的「自動目錄 1」目錄。

解

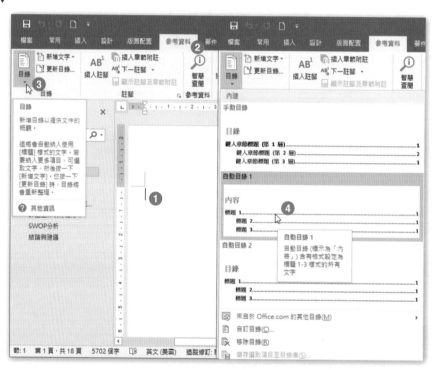

Step.1 按下 Ctrl + Home 將文字插入游標移至首頁。

Step.2 點按〔**參考資料**〕索引標籤。

Step.3 點按〔**目錄**〕群組裡的〔**目錄**〕命令按鈕。

Step.4 從展開的目錄選單中點選「自動目錄 1」目錄。

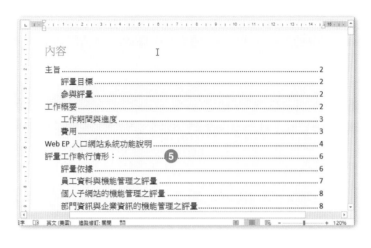

Step.5 完成目錄的建立。

➤ 開啟〔**練習** 4-3.docx〕文件檔案：

1. 至第 1 頁，更新目錄。

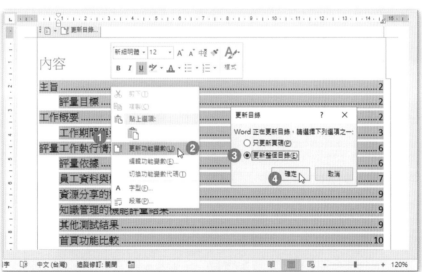

Step.1 以滑鼠右鍵點按既有目錄。

Step.2 從展開的快顯功能表中點選〔**變更功能變數**〕選項。

Step.3 開啟〔**更新目錄**〕對話操作，點選〔**更新整個目錄**〕選項。

Step.4 點按〔**確定**〕按鈕。

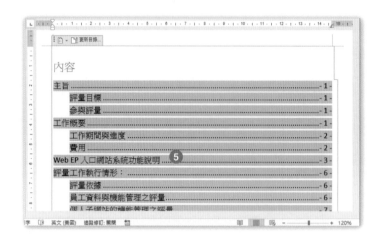

Step.5 完成目錄的更新。

2. 新增「回顧」封面頁，然後，刪除預留位置 "〔**公司地址**〕" 控制項。

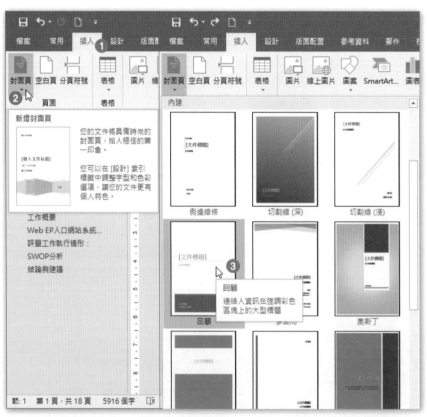

Step.1 點按〔**插入**〕索引標籤。

Step.2 點按〔**頁面**〕群組裡的〔**封面頁**〕命令按鈕。

Step.3 從展開的封面頁清單中點選〔**回顧**〕封面頁。

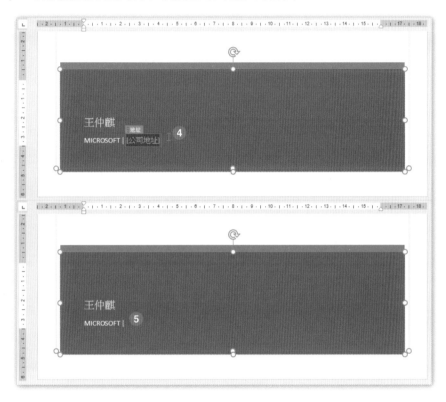

Step.4 立即點選封面頁底部的公司地址控制項。

Step.5 按下鍵盤上的 Delete 按鍵後，刪除選取的公司地址控制項。

Chapter 05 | 插入圖形元素並設定其格式

文件檔案的內容並非只有文字，也會適度的運用表格、插圖、格式化的文字方塊、文字藝術師、視覺化圖形 (SmartArt)、…等物件，讓整份文件的文體與內容更豐富也更具閱讀性。若是這些物件有重複使用的需求，將其建立成可反覆重複使用的建置組塊，更能提升文件編輯與管理的效率。格式化所插入的圖案、圖片、文字藝術師、SmartArt 圖形等各種不同類型的物件，也是美化文件不可或缺的過程。

5-1 插入圖形元素

在文件裡免不了會有一些插圖或其他圖解、圖案的需求，此時，除了圖片檔案外，快取圖形裡的圖案也是不錯的選擇。

5-1-1 插入圖案

在文件裡如果有需要配置圖案，不管是點綴還是特效，或者特定用途的圖騰，**Office** 家族系列裡所提供的快取圖案，包含了各型各式的多種幾何圖案，或者諸如流程圖、圖說文字、箭號圖案…絕對會是您的最佳幫手。

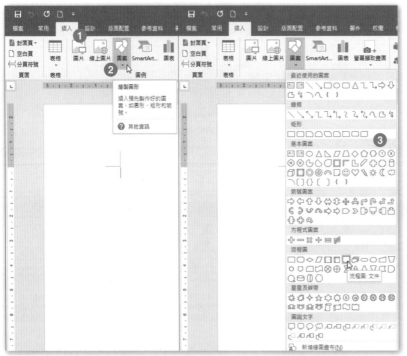

Step.1
點按〔**插入**〕索引標籤。

Step.2
點按〔**圖例**〕群組裡的〔**圖案**〕命令按鈕。

Step.3
即可展開各種需求與功能用途的圖案。

在文件裡拖曳繪製圖案後，在功能區裡也可以藉由〔**繪圖工具**〕底下的〔**格式**〕索引標籤，進行選取圖案的格式化設定與操控。

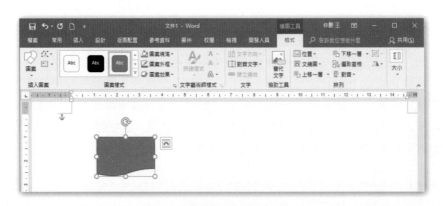

若以滑鼠點選圖案後，在其右上角將會顯示〔**版面配置選項**〕按鈕，透過此按鈕的點按，可以協助您迅速進行圖案的排版操控。

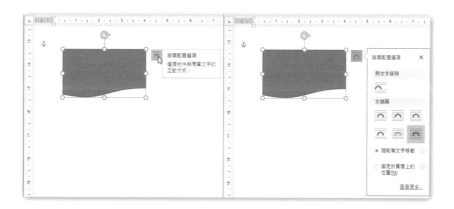

絕大多數的 **Microsoft Office** 指令每次只能套用在一個物件上，諸如：圖片、表格、文字方塊、流程圖，以及圖表等物件。而在全新的 **Word 2016** 使用者操作介面中，不管使用者何時選擇或插入一個物件，該物件的相關工具就會立即出現在功能區中。以插入圖案物件為例，只要點選了文件裡的圖案，畫面上方立即呈現〔**圖案工具**〕。

5-1-2 插入圖片

除了繪製幾何圖案或圖形外，不論是數位相機所拍攝的照片，電子圖片檔案、網路下載的圖片、美工圖庫裡現成的圖片檔案…也都可以輕鬆的置入文件裡進行排版、印刷。圖片檔案的來源眾多、格式也不一，您可以透過〔**插入**〕索引標籤裡〔**圖例**〕群組內的〔**圖片**〕命令按鈕，將電腦裡選定的圖片，直接插入到文件裡。

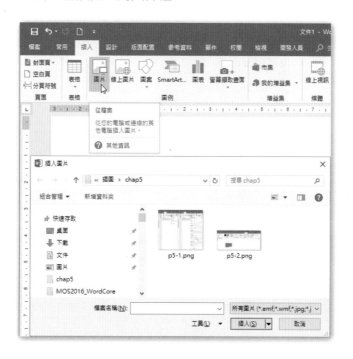

或者，藉由〔**插入**〕索引標籤裡〔**圖例**〕群組內的〔**線上圖片**〕命令按鈕，將網路上搜尋到的圖片，或是您儲存在雲端硬碟服務裡的圖片檔案，插入到文件裡。

在插入圖片至文件裡，若仍維持選取文件裡的圖片時，畫面上方功能區裡將顯示〔**圖片工具**〕，底下的〔**格式**〕索引標籤，即可協助您進行該選取圖片的格式化設定。

5-1-3　插入螢幕擷取畫面或畫面剪輯

在編輯文件時，若想要將電腦畫面的截圖插入文章裡，昔日的做法總是運用鍵盤上的〔PrtSc〕按鍵，然後，透過第三方軟體，例如：小畫家，再進行剪剪貼貼的，實在是不方便，不過，現在 Office 家族裡的 Word、Excel、PowerPoint 等應用程式，都擁有〔**螢幕擷取畫面**〕功能，讓您可以直接將電腦畫面進行截圖並插入文件裡喔！

Step.1 先開啟想要截圖的視窗畫面。

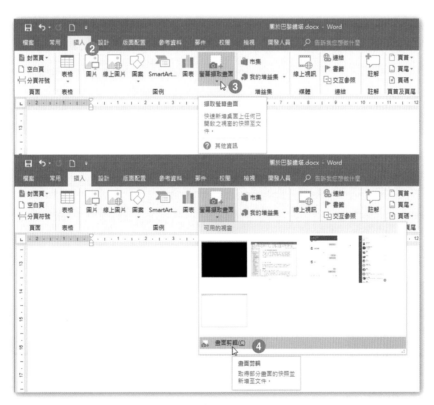

Step.2 切換到 Word 編輯環境後，點按〔**插入**〕索引標籤。

Step.3 點按〔**圖例**〕群組裡的〔**螢幕擷取畫面**〕命令按鈕。

Step.4 從展開的功能選單中點選〔**畫面剪輯**〕功能選項。

Step.5 畫面自動切換到步驟 1 的視窗，並以淡化的畫面呈現，此時滑鼠游標將呈現十字狀，即可進行畫面的裁剪。

Step.6 以滑鼠拖曳選取想要裁剪的畫面，也就是剪輯的面積大小。

Step.7 一旦完成拖曳裁剪的操作，立即自動返回 Word 編輯畫面，並插入剛剛的剪輯結果。

5-1-4 插入文字方塊

除了可在文件編輯與排版內容，也會經常運用浮動的文字方塊排版，例如：引言、名人的名言、主標題、側標題等等。此時，適當的運用各種文字方塊樣式，將會讓您在文件編排上更能得心應手。

Step.1 點按〔**插入**〕索引標籤。

Step.2 點按〔**文字**〕群組裡的〔**文字方塊**〕命令按鈕。

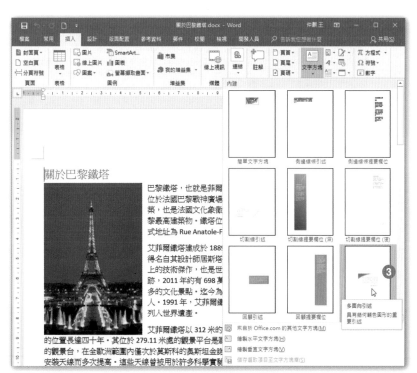

Step.3 從展開的文字方塊樣式中點選所要添增的文字方塊，例如：〔**多面向引述**〕。

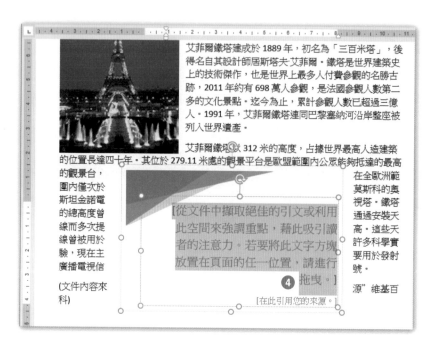

Step.4 立即插入〔**多面向引述**〕樣式的文字方塊，選取文字方塊裡的所有預設文字。

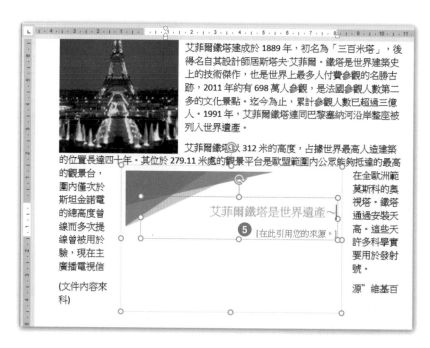

Step.5 輸入文字。

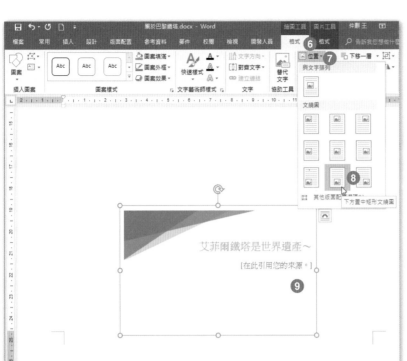

Step.6

仍是選取文字方塊的狀態下，點按〔繪圖工具〕底下〔格式〕索引標籤。

Step.7

點按〔排列〕群組的〔位置〕命令按鈕。

Step.8

從展開的下拉式功能選單中點選所要套用的文字方塊新位置。例如：〔下方置中矩形文繞圖〕功能選項。

Step.9 選定的文字方塊已經位於整個頁面的正下方。

實作練習

● ●

➤ 開啟〔練習 5-1.docx〕文件檔案：

1. 到標題文字「關於雅典衛城」這一頁，新增一個「書卷：水平」圖案並在其中輸入文字 " 世界遺產！"，再讓此圖案對齊在頁面正下方。

解

Step.1 點按〔**插入**〕索引標籤。

Step.2 點按〔**圖例**〕群組裡的〔**圖案**〕命令按鈕。

Step.3 從展開的圖案選單中點選「書卷：水平」圖案。

Step.4 在頁面上點按或拖曳繪製「書卷：水平」圖案，然後，以滑鼠右鍵點按此圖案。

Step.5 從展開的快顯功能表中點選〔**新增文字**〕功能選項。

Step.6 在圖案裡輸入文字「世界遺產！」。

Step.7 點按〔**繪圖工具**〕底下的〔**格式**〕索引標籤。

Step.8 點按〔排列〕群組裡的〔**位置**〕命令按鈕。

Step.9 再從展開的功能選單中點選〔**下方置中矩形文繞圖**〕功能選項。

2. 在標題文字「希臘神話中衛城的來歷」上方空白列，插入一張來自〔圖片〕資料夾裡的照片檔案〔**雅典衛城 .jpg**〕。

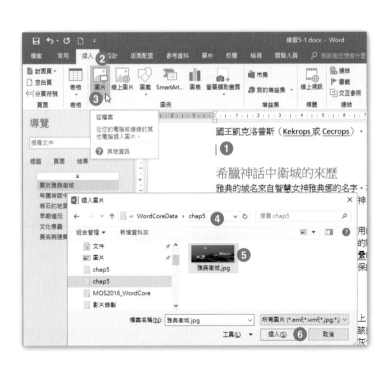

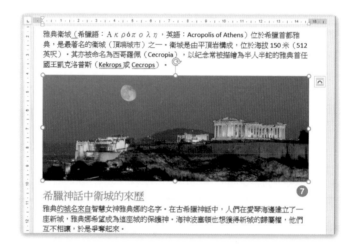

Step.1 將文字插入游標移至標題文字「希臘神話中衛城的來歷」上方空白列。

Step.2 點按〔**插入**〕索引標籤。

Step.3 點按〔**圖例**〕群組裡的〔**圖片**〕命令按鈕。

Step.4 開啟〔**插入圖片**〕對話方塊，選擇圖片檔案的所在路徑。

Step.5 點選「雅典衛城 .jpg」檔案。

Step.6 點按〔**插入**〕按鈕。

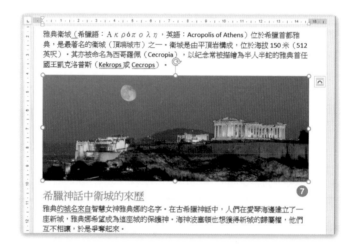

Step.7 完成圖片檔案的插入。

3. 在封面頁的正下方新增〔**格線引述**〕文字方塊，並輸入文字 "Litter Mermaid，自由作者 "。

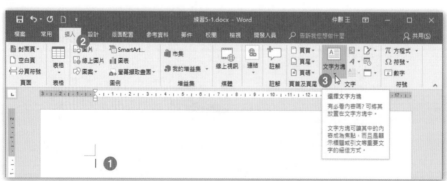

Step.1 點按 Ctrl + Home（因為封面在第一頁，所以，將文字插入游標移至第一頁起點）。

Step.2 點按〔**插入**〕索引標籤。

Step.3 點按〔**文字**〕群組裡的〔**文字方塊**〕命令按鈕。

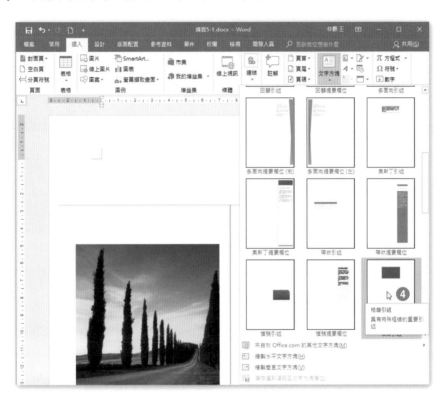

Step.4 從展開的下拉式功能選單中點選「格線引述」文字方塊。

Step.5 頁面上立即產生「回顧引述」文字方塊，刪除裡面的預設文字。

Step.6 輸入文字「Litter Mermaid，自由作者」。

Step.7 持續維持選取文字方塊後，點按〔**繪圖工具**〕底下的〔**格式**〕索引標籤。

Step.8 點按〔**排列**〕群組裡的〔**位置**〕命令按鈕。

Step.9 從展開的下拉式功能選單中點選〔**下方置中矩形文繞圖**〕選項。

5-2 設定圖形元素格式

圖案、SmartArt 圖形、文字藝術師是 Word 文件的常見物件，也都具備有其專業的工具可供格式設定、版面設定、樣式套用，迅速自訂化並美化這些物件。在編輯文件的過程中，有時需要適時的佐以圖像作為插圖，形成圖文並茂的文書媒介。此外，對於文件裡的插圖，亦可輕鬆進行圖片背景、校正、色彩與美術效果等調整，或套用適合的圖片樣式與版面配置，進行圖片與文件本文之間的文繞圖及水平、垂直位置的排列。

5-2-1 套用美術效果

透過〔**美術效果**〕可以讓選取的圖片更貌似素描、水彩畫、版畫、鉛筆、粉筆繪圖等特殊的美術效果。

Step.1　點選內文裡的插圖。

Step.2　點按〔**圖片工具**〕底下的〔**格式**〕索引標籤。

Step.3　點按〔**調整**〕群組裡的〔**美術效果**〕命令按鈕。

Step.4　從展開的美術效果選單中點選所要套用的效果。

雖說 Word 並非專業的影像處理軟體，但在插入圖片檔案至內文後，即可因為圖片的點選而啟動［圖片工具］，讓使用者可以輕鬆修改圖片的常用屬性。例如：針對圖片進行［校正］，也就是改善圖片的亮度與對比；亦可改變圖片的［色彩］，意即變更圖片色彩品質藉以迎合文件的內容整體搭配；更可以套用預設的多種［美術效果］，讓平凡圖片可以貌似素描或水彩畫的特效。此外，使用者也可以輕易變更圖片變大小，或者，利用壓縮圖片功能來縮減文件檔案儲存後的大小。

5-2-2 套用圖片效果

圖片效果包含了陰影、反射、光暈、柔邊、浮凸與立體旋轉等六大效果，可以為您文章裡的圖片添增專家級的視覺效果。

以下是陰影與反射各種效果選項：

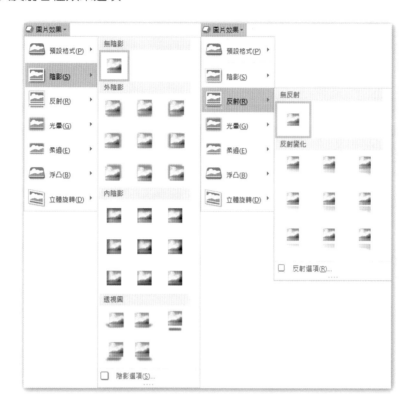

以下是光暈與柔邊的各種效果選項：

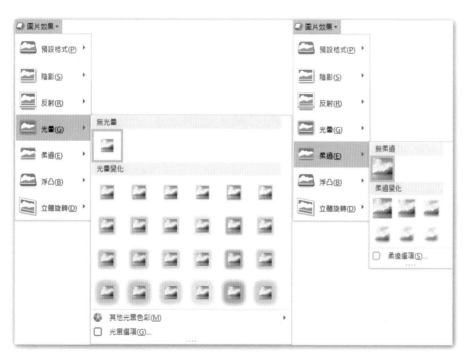

以下是浮凸與立體旋轉的各種效果選項：

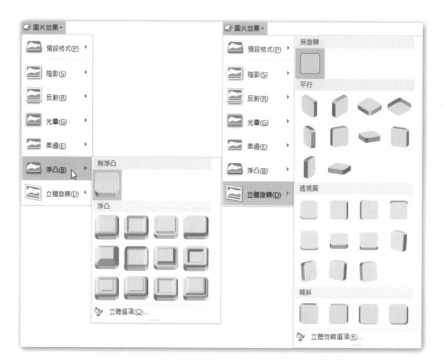

5-2-3　移除圖片背景

原本移除圖片影像的背景是一項專屬於影像處理軟體的專業級功能，現在，在 Word 2016 裡您也可以透過〔**移除背景**〕功能，自動移除圖片中不需要的部分，甚至還可以手動移除或保留圖片裡的指定區域，就像是專業的影像處理人員喔！

Step.1 點選圖片。

Step.2 點按〔**圖片工具**〕底下的〔**格式**〕索引標籤。

Step.3 點按〔**調整**〕群組裡的〔**移除背景**〕命令按鈕。

Step.4 立即進入移除背景編輯狀態，桃紅色是要移除的部分。

Step.5 利用滑鼠拖曳邊框控點來調整要保留 (不移除背景) 的部份。

Step.6 點按〔**背景移除**〕索引標籤。

Step.7 點按〔**關閉**〕群組裡的〔**保留變更**〕命令按鈕。

Step.8 完成圖片背景的移除。

對於圖片影像，其外圍也可以設定框線，並規範框線的顏色、粗細與實線、虛線的需求，這一切的操作，都在〔**圖片工具**〕底下的〔**格式**〕索引標籤裡，藉由〔**圖片樣式**〕群組裡的〔**圖片框線**〕按鈕來完成。

Step.1 點選文件裡的圖片。

Step.2 點按〔**圖片工具**〕底下的〔**格式**〕索引標籤。

Step.3 點按〔**圖片樣式**〕群組裡的〔**圖片框線**〕命令按鈕。

Step.4 從展開的功能選單中，即可點選框線所要套用的色彩、粗細或虛線效果。

而繪製的圖案，或者是添增的 SmartArt 圖形（因為，SmartArt 也是由圖案所組成的），都可以在點選圖案本身後，利用〔**圖案樣式**〕群組裡的〔**圖案填滿**〕、〔**圖案外框**〕以及〔**圖案效果**〕等命令按鈕，進行相關的格式設定。

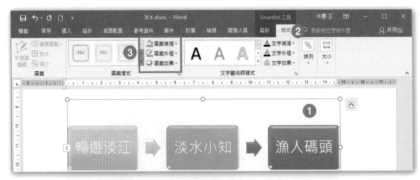

Step.1 點選文件裡的 SmartArt 圖形。

Step.2 點按〔**SmartArt 工具**〕底下的〔**格式**〕索引標籤。

Step.3 點按〔**圖案樣式**〕群組裡的〔**圖案填滿**〕、〔**圖案外框**〕、〔**圖案效果**〕等命令按鈕，可以進行相關的圖案格式設定。

5-2-5 套用圖片樣式

所謂的圖片樣式是指圖片的整體外觀，藉由 Word 2016 所提供的多種預設外觀，諸如：簡易框架、斜角霧面、圓形對角、反射浮凸、柔邊橢圓形、浮凸透視圖、…等等二十多種圖片樣式，讓您輕鬆套用在指定的圖片上。

Step.1 點按〔圖片樣式〕群組裡的〔其他〕命令按鈕。

Step.2 從展開的圖片樣式選單中點選所要套用的圖片樣式，例如：〔旋轉：白色〕選項。

5-2-6 物件周圍自動換行

不論是圖案、圖片、文字方塊，甚至是表格等物件，都可以與內文進行文繞圖的作業，讓文字圍繞所選取的物件，甚至直接穿透物件。而在這方面的操作上，除了在點按這些物件時，右上角會有〔版面配置選項〕按鈕可供點按執行外，功能區裡也提供有〔文繞圖〕命令按鈕可以進行相關的套用與設定。

Step.1 點選文件裡的圖時，圖片右上角也會顯〔**版面配置選項**〕按鈕，可以讓您迅速進行圖片的排版操控。

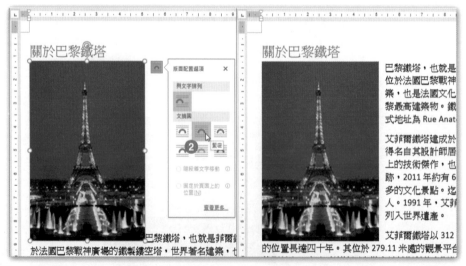

Step.2 從展開的眾多文繞圖設定中點選所要套用的格式，圖文並茂的排版一鍵搞定！

以下列出各種文繞圖效果的特色說明：

➤ 與文字排列

將圖片視為一個字元在內文中進行排版。

➤ 矩形

圖片如同擁有一個矩形框，而文字及繞著矩形外框排列。

➤ 緊密

圖片類似前述的矩形文繞圖，但是，文字在圍繞著圖形時，會根據圖片的外觀輪廓環繞，不一定是一個矩形區塊的圍繞。

➤ 上及下

圖片所在處猶如一個獨立的段落一般，圖片左右兩側不會排列文字。

➤ 穿透

文繞圖的效果如同前述的緊密，但是，可以藉由〔編輯文字區端點〕的功能，自行增刪、調整圖片的節點，讓圖片內的空白部分也可以排入文字，不見得僅能為繞著圖片的外觀輪廓環繞而已。

這是〔**矩形**〕文繞圖。　　　　　　　　　　　這是〔**上及下**〕文繞圖。

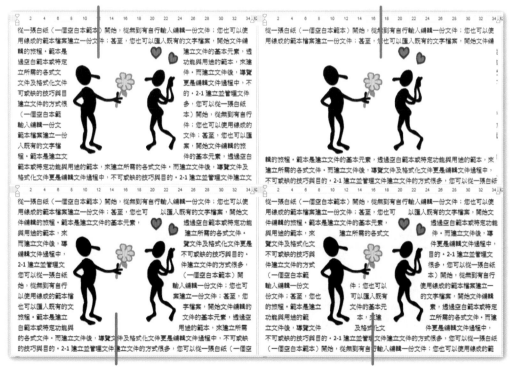

這是〔**緊密**〕文繞圖。　　　　　　　　　　　這是〔**穿透**〕文繞圖。

5-2-7　固定物件位置

透過〔位置〕的功能，可以讓選取的物件定位在頁面您所設定的位置上，內文可以自動圍繞該物件，讓文件仍舊易於閱讀，版面也具備專業與設計感。

Step.1

在點選文件裡的物件（以圖片為例）後，點按〔**圖片工具**〕底下的〔**格式**〕索引標籤。

Step.2

點按〔**排列**〕群組裡的〔**位置**〕命令按鈕。

Step.3

從展開的下拉式功能選單中，可以選擇所要套用的物件（此例以圖片為例）位置。

Step.4

也可以選擇下拉式功能選單裡的〔**其他版面配置選項**〕選項。

Step.5

立即開啟〔**版面配置**〕對話方塊,透過〔**位置**〕索引頁籤的對話操作,來規劃選取物件(此例以圖片為例)的固定位置。

5-2-8 針對協助工具將替代文字新增至物件

針對文件裡的表格、圖片、影像與其他物件,在 Word 中可以進行替代文字的編輯,讓這些物件所包含的相關資訊,提供替代性的文字表示,使得有視覺或認知障礙而無法看清楚或了解該物件的使用者仍然可以朗讀標題,以判斷與瞭解該物件的描述與其內容。以表格為例,可以藉由〔**表格內容**〕對話方塊來完成替代文字的輸入與編輯。

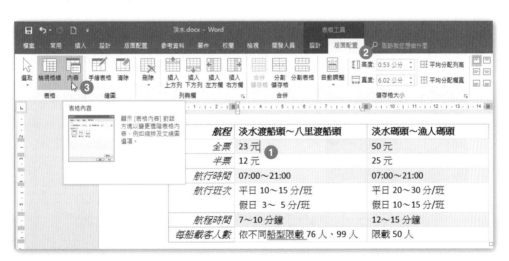

Step.1 點選表格。

Step.2 點按〔**表格工具**〕底下的〔**版面配置**〕索引標籤。

Step.3 點按〔**表格**〕群組裡的〔**內容**〕命令按鈕。

Step.4
開啟〔**表格內容**〕對話方塊，點選〔**替代文字**〕索引頁籤。

Step.5
在「標題」文字方塊裡輸入替代文字的標題。

Step.6
在「敘述」文字方塊裡輸入替代文字的詳細說明。

再以文件裡的插圖為例，可以開啟圖片的〔**替代文字**〕工作窗格來完成該圖片的替代文字之輸入與編輯。

Step.1 以滑鼠右鍵點按文件裡的圖片。

Step.2 從展開的快顯功能表中點選〔**編輯替代文字**〕功能選項。

Step.3 畫面側邊開啟〔**替代文字**〕工作窗格，在此輸入與圖片相關的詳細說明替代文字。

實作練習

➤ 開啟〔**練習 5-2.docx**〕文件檔案：

1. 對於第 1 頁底部的「台北 101 大樓」照片套用「鉛筆草圖」美術效果。

解

Step.1 點選第 1 頁底部的「台北 101 大樓」照片。

Step.2 點按〔**圖片工具**〕底下的〔**格式**〕索引標籤。

Step.3 點按〔**調整**〕群組裡的〔**美術效果**〕命令按鈕。

Step.4 展開的各種美術效果中點選「鉛筆草圖」。

Step.5 順利為照片套用「鉛筆草圖」美術效果。

2. 對於第 1 頁底部的「中正紀念堂」圖片，套用「軟性圓頭浮凸」圖片效果。

解

Step.1 點選文件第 1 頁底部的「中正紀念堂」圖片。

Step.2 點按〔圖片工具〕底下的〔格式〕索引標籤。

Step.3 點按〔圖片樣式〕群組裡的〔圖片效果〕命令按鈕。

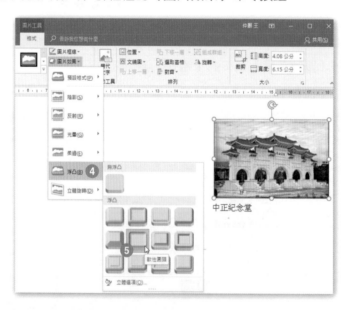

Step.4 從展開的圖片效果選單中點選〔浮凸〕圖片效果。

Step.5 再從展開的副選單中點選〔軟性圓頭〕。

3. 對於第 2 頁頂端的圓山大飯店圖片，移除此圖片的背景天空、綠色山脈與右下方的建物，僅保留圓山大飯店的主體建物。注意，不要裁剪到圓山大飯店。

Step.1 點選第 2 頁頂端的圓山大飯店圖片。

Step.2 點按〔**圖片工具**〕底下的〔**格式**〕索引標籤。

Step.3 點按〔**調整**〕群組裡的〔**移除背景**〕命令按鈕。

Step.4 立即進入移除背景編輯狀態，桃紅色是要移除的部分。

Step.5 利用滑鼠拖曳邊框控點來調整要保留 (不移除背景) 的部份。

Step.6 點按〔**背景移除**〕索引標籤。

Step.7 點按〔**關閉**〕群組裡的〔**保留變更**〕命令按鈕。

Step.8 完成圖片背景的移除。

4. 對於第 2 頁的台北故宮博物院圖片，套用〔**藍色，輔色 5, 較深 25%**〕的圖片框線色彩，並設定框線粗細為 3pt。

Step.1 點選文件裡第 2 頁的台北故宮博物院圖片。

Step.2 點按〔**圖片工具**〕底下的〔**格式**〕索引標籤。

Step.3 點按〔**圖片樣式**〕群組裡的〔**圖片框線**〕命令按鈕。

Step.4 從展開的下拉式功能選單中點選「**藍色，輔色 5, 較深 25%**」的圖片框線色彩。

Step.5 再次點按〔**圖片框線**〕命令按鈕並從展開的下拉式功能選單中點〔**粗細**〕選項。

Step.6 從展開的副選單中點選〔**3 點**〕。

5. 針對第 2 頁底部的城堡圖片套用「浮凸透視圖」圖片樣式。

解

Step.1 開啟文件檔案後，點選第 2 頁底部的城堡圖片。

Step.2 點按〔圖片工具〕底下的〔格式〕索引標籤。

Step.3 點按〔圖片樣式〕群組裡的〔其他〕命令按鈕。

Step.4 從展開的圖片樣式清單中點選「浮凸透視圖」圖片樣式。

6. 第3頁，將含自由女神的照片搬移到標題文字 " America" 的正下方空白段落。

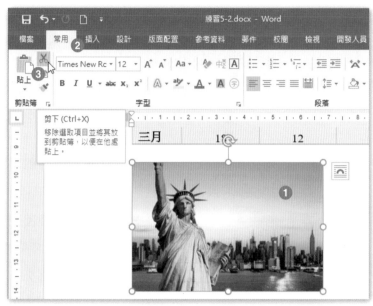

Step.1 點選文件第3頁裡的自由女神照片。

Step.2 點按〔常用〕索引標籤。

Step.3 點按〔剪貼簿〕群組裡的〔剪下〕命令按鈕。

Step.4 將文字插入游標移至標題文字 "America" 的正下方空白段落。

Step.5 按下鍵盤上的 Ctrl + V 按鍵，完成圖片的貼上。

7. 設定在 " 歡迎參加 " 標題下方的文字位於照片左側的文繞圖格式。

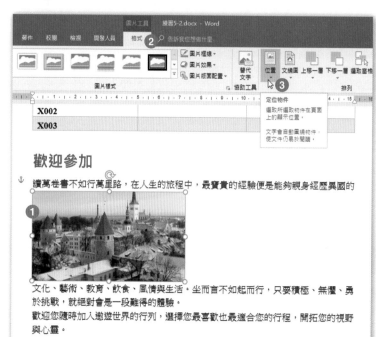

Step.1 點按文件裡 " 歡迎參加 " 標題下方的圖片。

Step.2 點按〔版面配置〕索引標籤。

Step.3 點按〔排列〕群組裡的〔位置〕命令按鈕。

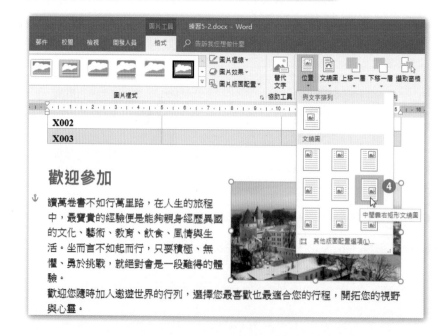

Step.4 從展開的下拉式功能選單中點選〔**中間靠右矩形文繞圖**〕選項。

8. 為標題文字「最新報名人數」下方的表格，添增替代文字，標題文字為：
   "報名人數統計"，描述文字為："各梯次出團人數的統計資料"。

解

Step.1 點選整個表格或者將文字插入游標停在表格裡的任一儲存格內。

Step.2 點按〔**表格工具**〕底下的〔**版面配置**〕索引標籤。

Step.3 點按〔**表格**〕群組裡的〔**內容**〕命令按鈕。

Step.4 開啟〔**表格內容**〕對話方塊，點選〔**替代文字**〕索引頁籤。

Step.5 在〔**標題**〕文字方塊裡輸入文字「報名人數統計」。

Step.6 在〔**描述**〕文字方塊裡輸入文字「各梯次出團人數的統計資料」。

Step.7 點按〔**確定**〕按鈕。

5-3　插入與格式化圖形元件

大多數的文件編輯人員並非專業的美工設計人員，然而文件編輯的製作過程中，圖解內容的呈現卻是不可或缺的元素。尤其是步驟程序、條列文字，已被生動活潑、強化視覺印象的圖案內容所取代。在 Office 2016 系列應用程式，即提供了現成的視覺化圖案大師－SmartArt，協助您在製作文件內文時，迅速建立各種需求的圖表圖形。

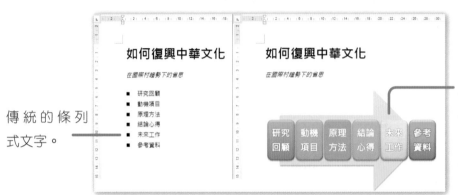

傳統的條列式文字。

透過 SmartArt 功能輕易地將傳統式條列文字改以圖像式的方式來呈現。

5-3-1　建立 SmartArt 圖形

SmartArt 圖形具備各種不同類型與功能的圖案，可以最有效率的視覺圖像來表達您想要傳遞的訊息。此外，SmartArt 圖形也提供許多不同的版面配置、樣式和格式，讓您可以依據需求和喜好，在套用之前就先行預覽，迅速建立及修飾極具專業設計師水準的 SmartArt 圖形。在整個 Office 2016 家族系列應用程式中，均提供有 SmartArt 圖庫，您若要在 PowerPoint 投影片、Word 文件，或者 Excel 工作表上建立 SmartArt 圖形，只要開啟〔選擇 SmartArt 圖形〕對話方塊，即可從中點選所要建立的 SmartArt 圖形並立即進行編輯。SmartArt 一共擁有〔清單〕、〔流程圖〕、〔循環圖〕、〔階層圖〕、〔關聯圖〕、〔矩陣圖〕、〔金字塔圖〕與〔圖片〕等各種適用於各種文件、報告、場合、情境的圖形類型，以下即為您實際展示在文件中新增一個描述專案階段步驟的 SmartArt 圖形。此實務範例將採用 SmartArt〔流程圖〕類型裡的〔連續區塊流程圖〕版面配置，並在圖形的內文裡依序輸入：制定計劃、追蹤專案、管理專案、報告專案、結束專案等文字，套用 SmartArt 樣式與效果，製作視覺化的階段程序圖表。

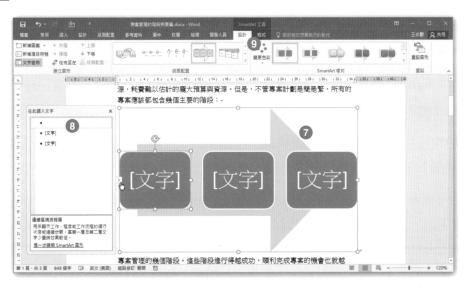

Step.1 將文字游標移至要放置 SmartArt 圖形的目的地。

Step.2 點按〔**插入**〕索引標籤。

Step.3 點按〔**圖例**〕群組裡的〔**SmartArt**〕命令按鈕。

Step.4 從開啟的〔**選擇 SmartArt 圖形**〕對話方塊中,點選〔**流程圖**〕類。

Step.5 點按〔**連續區塊流程圖**〕版面配置。

Step.6 點按〔**確定**〕按鈕。

Step.7 在文字插入游標所在處立即插入所選定的 SmartArt 圖形。

Step.8 SmartArt 圖形左側亦自動展開文字編輯窗格。

Step.9 此時畫面上方的功能區中,也自動開啟的 SmartArt 工具以及此工具所屬的〔**設計**〕與〔**格式**〕索引標籤。

Step.10 在文字編輯窗格裡輸入此實作範例中所需的五段文字。

SmartArt 圖形的使用觀念與考量

➤ 圖片與美工的技能經常是辦公室文件製作者最弱的一環,因為,大多數的文件編輯人員並非專業的美工設計人員。而文件編輯製作的過程中,圖解內容的呈現早已蔚為風潮成為流行,尤其是步驟程序、條列文字,已被生動活潑、強化視覺印象的圖案內容所取代。Word 2016(甚至整個 Office 2016、Office 365 家族系列軟體,如 Excel、PowerPoint)即提供了現成的視覺化圖案大師─ SmartArt,協助您在製作文件內文時,迅速建立各種需求的視覺化圖案。

➤ 在建立 SmartArt 圖形之前,您應該先設想您到底需要哪一種類型以及哪一種版面配置的 SmartArt 圖形,才能最貼切地表達您想要呈現的資料與意義。

➤ SmartArt 一共擁有〔清單〕、〔流程圖〕、〔循環圖〕、〔階層圖〕、〔關聯圖〕、〔矩陣圖〕、〔金字塔圖〕與〔圖片〕等各種適用於各種文件、報告、場合、情境的圖形類型。

➤ 無論是時程表、包含順序任務的程序或是包含不按照順序的項目,都可以透過 SmartArt 圖形來完成,甚至您還可以多方嘗試各種不同視覺效果的格式和樣式。在選擇樣式之前,還可以先進行預覽。如此一來就不需要一再地套用樣式,只要一次操作就能夠選擇正確的樣式。套用樣式後,亦可自訂色彩、動畫以及陰影、斜角和光暈等特殊效果。

5-3-2　設定 SmartArt 圖形格式

對於 SmartArt 圖形裡的文字，除了可以透過文字窗格進行文字內容的編輯或 SmartArt 圖案的增減外，也可以直接點按圖案進行編輯。而 SmartArt 圖形專屬的〔SmartArt 工具〕底下所包含的〔設計〕與〔格式〕索引標籤，可以進行 SmartArt 圖形的格式化與自訂化。其中，〔設計〕索引標籤掌管的是整個 SmartArt 圖形的版面配置（更換不同的 SmartArt 圖形類別）、色彩，以及 SmartArt 樣式（視覺上的變化）。

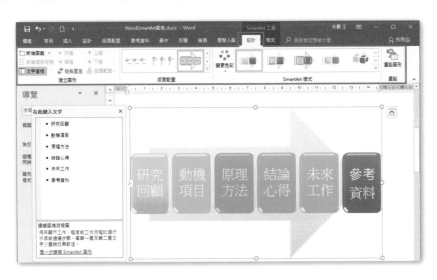

而〔SmartArt 工具〕底下的〔格式〕索引標籤，則是控制 SmartArt 圖形裡的圖案（SmartArt 圖形實質上是由許多圖案所組合而成的），其圖案樣式、圖案填滿色彩、圖案外框、圖案效果，以及圖案裡的文字之文字藝術師樣式、文字的填滿色彩、文字的外框、文字的效果。此外，各個圖案的排列、對齊與大小的設定，也都是隸屬於這個索引標籤裡的操作。

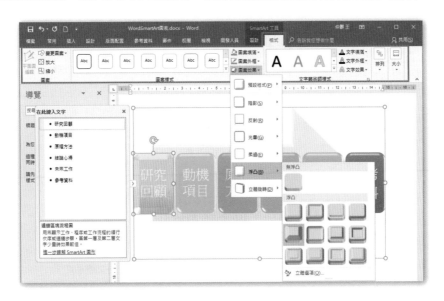

5-3-3 修改 SmartArt 圖形內容屬性與文繞圖和位置設定

正如同文件裡的圖片、圖案、表格等物件，可以規劃它們在文件裡的文繞圖效果與固定位置的設定，SmartArt 圖形也是如此，透過〔SmartArt 工具〕底下〔格式〕索引標籤裡〔排列〕群組內的〔位置〕、〔文繞圖〕等命令按鈕的操作，來決定 SmartArt 圖形要位於紙張版面上的實際位置等相關格式設定。而圖形大小、對齊、旋轉等屬性設定，也都可以在這個索引標籤的操作裡完成。

此外，有些 SmartArt 圖形裡的圖案內容，在實務應用上的描述是有階層性與方向性的，這時候，透過〔升階〕、〔降階〕、〔上移〕、〔下移〕等命令按鈕的操作，您將不需要重新編輯文字或繪製圖案，相關的問題與需求都可以迎刃而解。

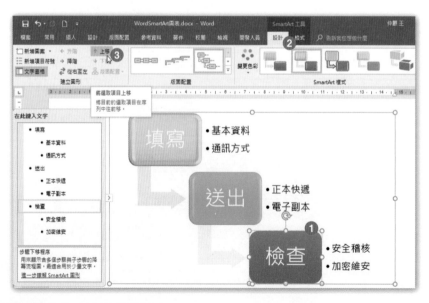

Step.1 點選 SmartArt 圖形裡的圖案。

Step.2 點按〔SmartArt 工具〕底下〔**設計**〕索引標籤。

Step.3 點按〔**建立圖形**〕群組裡的〔**上移**〕命令按鈕。

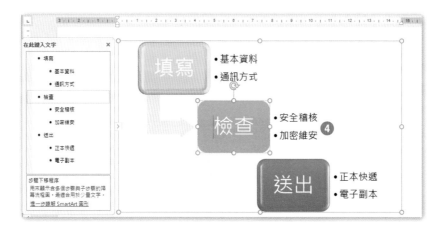

Step.4 便可以讓選取的圖案與上一個圖案對調位置，包含該圖案裡下一階層的內容都會一併連動的對調位置。

實作練習

● ●

➤ 開啟〔**練習 5-3.docx**〕文件檔案：

1. 在文件底部的文字 " 最佳的情人美景 " 下方新增 SmartArt 靶心圖清單，並在最上層的藍色圖案第一層文字裡輸入文字 " Lovers Landscape " 。

 解

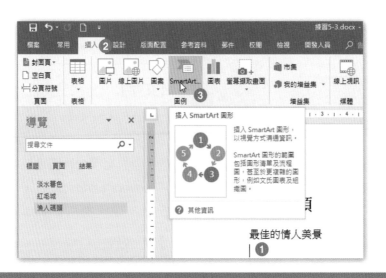

Step.1 將文字插入游標移至文件底部的文字 " 最佳的情人美景 " 下方。

Step.2 點按〔**插入**〕索引標籤。

Step.3 點按〔**圖例**〕群組裡的〔**SmartArt**〕命令按鈕。

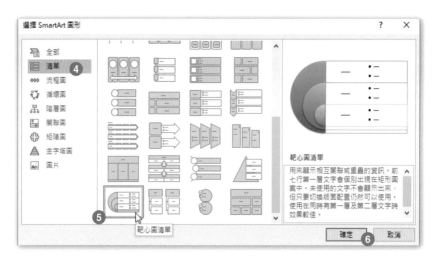

Step.4 開啟〔**選擇 SmartArt 圖形**〕對話方塊,點選〔**清單**〕類的 SmartArt 樣式。

Step.5 點選〔**靶心圖清單**〕圖表。

Step.6 點按〔**確定**〕按。

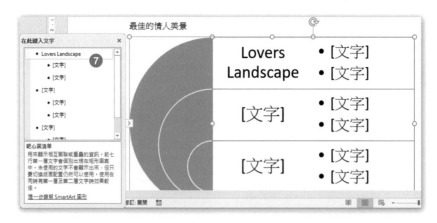

Step.7 在文件裡產生 SmartArt 圖形,點選左側的文字編輯區塊,針對第一個段落 (第一個方塊圖案),輸入文字:「 "Lovers Landscape 」。

2. 將第 2 頁 SmartArt 圖形的色彩變化，變更為〔**彩色範圍－輔色** 4 **至** 5〕並套用立體「光澤」SmartArt 樣式，然後再套用「圓形凸面」的浮凸圖案效果。

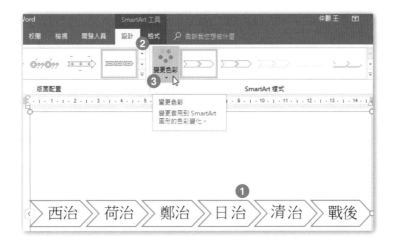

Step.1 點選第 2 頁裡的 SmartArt 圖形。

Step.2 點按〔SmartArt〕工具底下的〔**設計**〕索引標籤。

Step.3 點按〔SmartArt **樣式**〕群組裡的〔**變更色彩**〕命令按鈕。

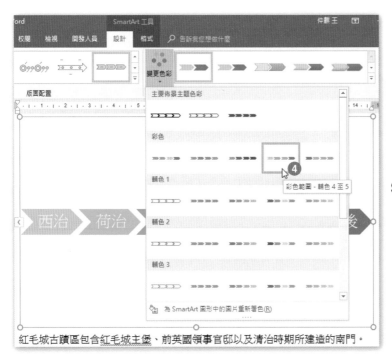

Step.4 從展開的 SmartArt 色彩功能選單中點選「彩色範圍－輔色 4 至 5」選項。

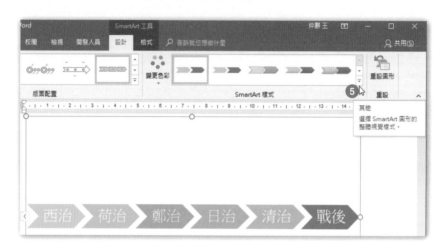

Step.5 點按〔SmartArt 樣式〕群組裡的〔**其他**〕按鈕。

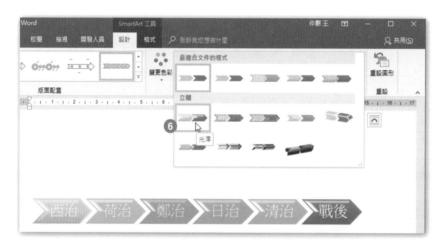

Step.6 展開的 SmartArt 樣式清單中點〔**立體**〕類別裡的〔**光澤**〕SmartArt 樣式。

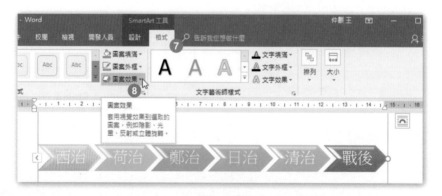

Step.7 點按〔SmartArt 樣式〕底下的〔**格式**〕索引標籤。

Step.8 點按〔**圖案樣式**〕群組裡的〔**圖樣效果**〕命令按鈕。

Step.9 從展開的圖案效果選單中點選〔浮凸〕選項。

Step.10 再從副選單中點選浮凸裡的「圓形凸面」浮凸效果。

3. 延續上一小題的結果,將第 2 頁 SmartArt 圖形重新調整圖形裡的文字順序,使得 " 清治 " 在 " 日治 " 的左邊。

Step.1 點選 SmartArt 圖形裡的 " 清治 " 圖案。

Step.2 點按〔SmartArt 工具〕底下的〔設計〕索引標籤。

Step.3 點按〔建立圖形〕群組裡的〔上移〕命令按鈕。

Step.4 " 清治 " 圖形將位於 " 日治 " 圖形的左側。

Chapter 06 | 模擬試題

專案 1

專案說明：

為了提升大家的健康觀念與健康習慣，市府高層決定舉辦各項健康活動與減重計畫，您是專案承辦人，正著手準備相關文件。

請開啟〔F1P1 減重計畫 .docx〕進行以下七項工作。

工作 1

針對第一頁底部的表格，根據「減重成效」欄位進行遞減排序。

解題：

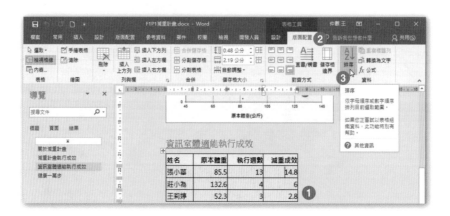

Step.1　點選表格裡的任一儲存格。

Step.2　點按〔**表格工具**〕底下的〔**版面配置**〕索引標籤。

Step.3　點按〔**資料**〕群組裡的〔**排序**〕命令按鈕。

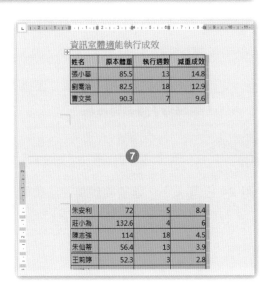

Step.4

開啟〔**排序**〕對話方塊並點選第一階的資料欄位為「減重成效」欄位。

Step.5

點選〔**遞減**〕選項。

Step.6

點按〔**確定**〕按鈕。

Step.7

完成「減重成效」欄位進行遞減排序。

工作 2

設定 " 資訊室體適能執行成效 " 表格，可以在表格跨頁時重複欄位標題。

解題：

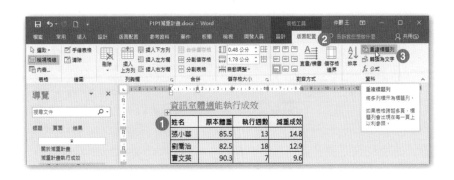

Step.1 點選 " 資訊室體適能執行成效 " 表格裡的首列任一儲存格。

Step.2 點按〔**表格工具**〕底下的〔**版面配置**〕索引標籤。

Step.3 點按〔**資料**〕群組裡的〔**重複標題列**〕命令按鈕。

資訊室體適能執行成效

姓名	原本體重	執行週數	減重成效
張小華	85.5	13	14.8
劉喬治	82.5	18	12.9
曹文英	90.3	7	9.6

④

姓名	原本體重	執行週數	減重成效
朱安利	72	5	8.4
莊小為	132.6	4	6
陳志強	114	18	4.5
朱仙蒂	56.4	13	3.9

Step.4

" 資訊室體適能執行成效 " 表格裡的首列
(標題列) 將跨頁重複。

工作 3

到第 2 頁，利用文字 " 人資處 2 月 7 日 …4 月 24 日 5 人 " ，建立 4 個欄位且欄寬分散整個
視窗寬度的表格。

解題：

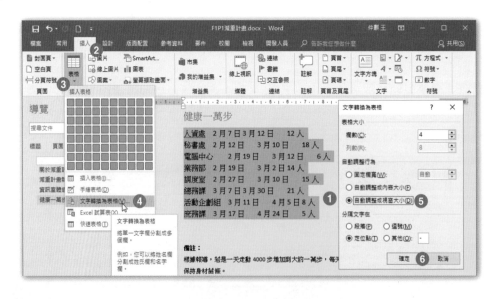

Step.1 選取文字 " 人資處 2 月 7 日 …4 月 24 日 5 人 "。

Step.2 點按〔**插入**〕索引標籤。

Step.3 點按〔**表格**〕群組裡的〔**表格**〕命令按鈕。

Step.4 從展開的功能選單中，點選〔**文字轉換為表格**〕功能選項。

Step.5 開啟〔**文字轉換為表格**〕對話方塊，點選〔**自動調整成視窗大小**〕選項。

Step.6 點按〔**確定**〕按鈕。

健康一萬步

人資處	2月7日	3月12日	12人
秘書處	2月12日	3月10日	18人
電腦中心	2月19日	3月12日	6人
業務部	2月19日	3月2日	14人
調度室	2月27日	3月10日	15人
總務課	3月7日	3月30日	21人
活動企劃組	3月11日	4月5日	8人
庶務課	3月17日	4月24日	5人

Step.7 完成文字轉換為表格。

工作 4

到第 2 頁，在 " 健康一萬步 " 的右側插入一個註腳，並請剪下文字 " 備註：… 並保持身材苗條。"，將其貼到註腳區，成為註腳的內容。

解題：

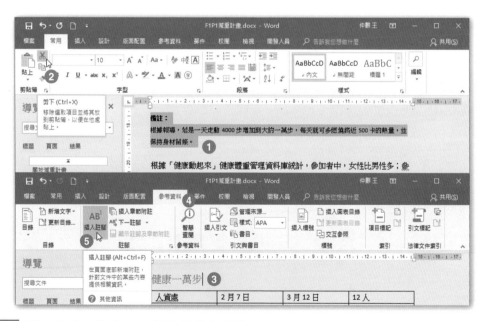

Step.1 選取文字 " 備註：… 並保持身材苗條。"。

Step.2 點選〔**常用**〕索引標籤底下〔**剪貼簿**〕群組裡的〔**剪下**〕命令按鈕。

Step.3 將文字插入游標移至標題文字 " 健康一萬步 " 的右側。

Step.4 點按〔**參考資料**〕索引標籤。

Step.5 點按〔**註腳**〕群組裡的〔**插入註腳**〕命令按鈕。

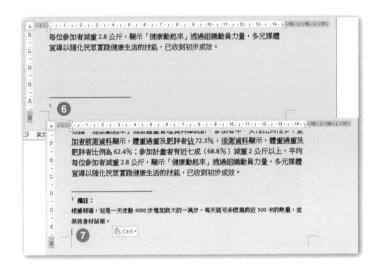

Step.6 頁面底部顯示註腳編輯區，並產生 1 號註腳，將文字插入游標移至此處。

Step.7 按下 Ctrl + V (貼上) 剛剛複製的文字，完成註腳文字的輸入。

工作 5

在描述 "新聞資訊" 以及 " 健康一萬步 " 兩段落標題之間的空白段落 新增「封閉式 > 箭號流程圖」圖表。從左至右分別插入圖表文字「每日萬步」、「全民齊步」、「健康快樂！」。

解題：

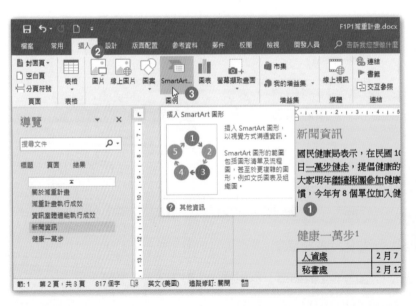

Step.1
將文字插入游標移至 "新聞資訊" 以及 " 健康一萬步 " 兩段落標題之間的空白段落。

Step.2
點按〔**插入**〕索引標籤

Step.3
點按〔**圖例**〕群組裡的〔SmartArt〕命令按鈕。

Step.4 開啟〔**選擇 SmartArt 圖形**〕對話方塊,點選〔**流程圖**〕類的 SmartArt 樣式。

Step.5 點選〔**封閉式>形箭號流程圖**〕圖表。

Step.6 點按〔**確定**〕按鈕。

Step.7 在文件裡產生 SmartArt 圖形,點選左側的文字編輯區塊,開始輸入文字。

Step.8 分別輸入三段文字:「每日萬步」、「全民齊步」、「健康快樂!」。

工作 6

在文件摘要資訊的〔**狀態**〕屬性裡輸入文字「減重計畫」。

解題：

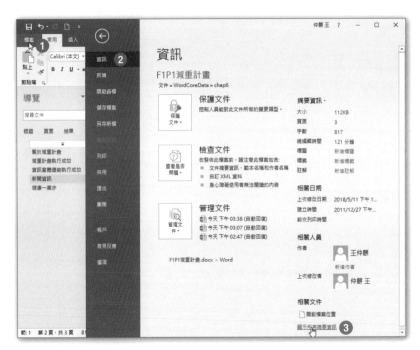

Step.1
點按〔**檔案**〕索引標籤。

Step.2
進入後台管理頁面，點
按〔**資訊**〕。

Step.3
點按〔**資訊**〕頁面右下
方的〔**顯示所有摘要資
訊**〕。

Step.4
點選〔**狀態**〕文字方塊。

Step.5
輸入文字「減重計畫」
後按下 Enter 按鍵。

工作 7

在文件中顯示定位字元，但不要顯示所有的格式化標記。

解題：

Step.1 點按〔**檔案**〕索引標籤。

Step.2 進入後台管理頁面，點按〔**選項**〕。

Step.3 開啟〔Word **選項**〕對話方塊，點選〔**顯示**〕。

Step.4 勾選〔**在螢幕上永遠顯示這些格式化標記**〕類別底下的〔**定位字元**〕核取方塊。

Step.5 點按〔**確定**〕按鈕。

專案 2

專案說明：

您是旅行公司的專案企畫，正在準備製作一份各種旅遊行程的簡介。

請開啟〔F1P2 **快樂旅遊** .docx〕進行以下五項工作。

工作 1

設定頁面框線為「陰影」、框線寬度為 3 pt 、綠色，輔色 6, 較深 25% 套用至整份文件。

解題：

Step.1　點按〔**設計**〕索引標籤。

Step.2　點按〔**頁面背景**〕群組裡的〔**頁面框線**〕命令按鈕。

Step.3　開啟〔**框線及網底**〕對話方塊，並自動切換至〔**頁面框線**〕索引頁籤對話，點選〔**陰影**〕。

Step.4　點選框線色彩為〔**綠色，輔色 6, 較深 25%**〕。

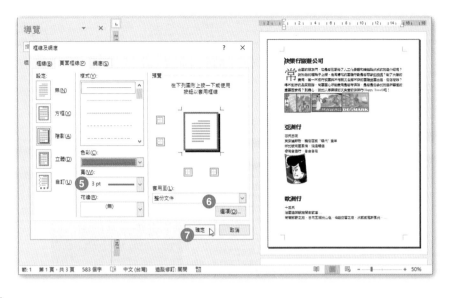

Step.5 點選框線的寬度為 3pt。

Step.6 點選套用至「整份文件」。

Step.7 點按〔**確定**〕按鈕。

工作 2

設定在 " 美洲歡樂行 " 標題下方的文字，使其包圍在照片的左側。

解題：

Step.1 點按文件裡 " 美洲歡樂行 " 標題下方的圖片。

Step.2 點按〔**版面配置**〕索引標籤。

Step.3 點按〔**排列**〕群組裡的〔**位置**〕命令按鈕。

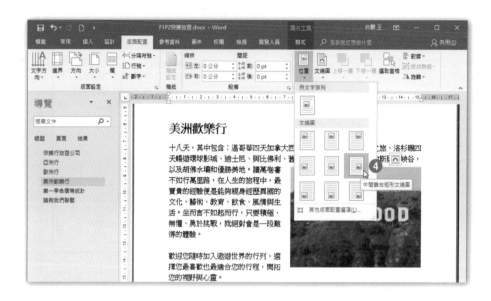

Step.4 從展開的下拉式功能選單中點選〔**中間靠右矩形文繞圖**〕選項。

工作 3

在標題 " 第一季各艙等統計 " 設定書籤，並輸入書籤的名稱為 " Q1Sales "。

解題：

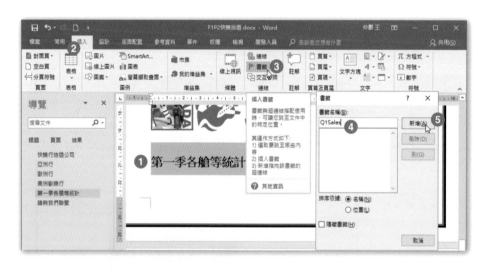

Step.1 選取標題文字 " 第一季各艙等統計 "。

Step.2 點按〔**插入**〕索引標籤。

Step.3 點按〔**連結**〕群組裡的〔**書籤**〕命令按鈕。

Step.4 開啟〔**書籤**〕對話方塊，輸入「Q1Sales」。

Step.5 點按〔**新增**〕按鈕。

工作 4

在最後一頁，標題 " 請與我們聯繫 " 下方，對網址 " www.happyland2018.com.tw" 設定
網址超連結。

解題：

Step.1 選取文字 " www.Happyland2018.com.tw "。

Step.2 點按〔**插入**〕索引標籤。

Step.3 點按〔**連結**〕群組裡的〔**連結**〕命令按鈕。

Step.4 開啟〔**插入超連結**〕對話方塊，輸入網址為「http://www.happyland2018.com.
tw」。

Step.5 點按〔**確認**〕按鈕。

工作 5

在最後一頁底部，以 Copyright Sign，替代文字 "〔版權符號〕"。

解題：

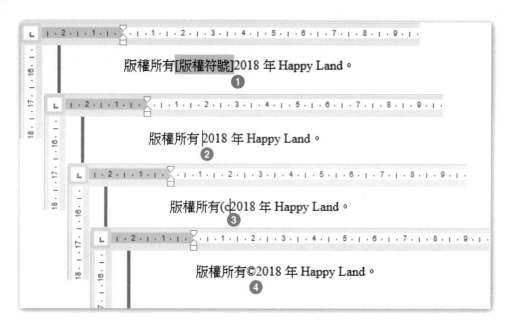

Step.1　選取文字「〔版權符號〕」。

Step.2　點按 Delete 按鍵，刪除選取的文字。

Step.3　輸入「(c」。

Step.4　輸入「)」後自動校正為「©」。

專案 3

專案說明：

專案顧問管理公司正要準備招聘新進員工，因此，人力資源單位開始著手相關的內部教育訓練文案與材料。

請開啟〔F1P3 新手 IT 經理 .docx〕進行以下五項工作。

工作 1

將文件的邊界調整為左右對稱。

解題：

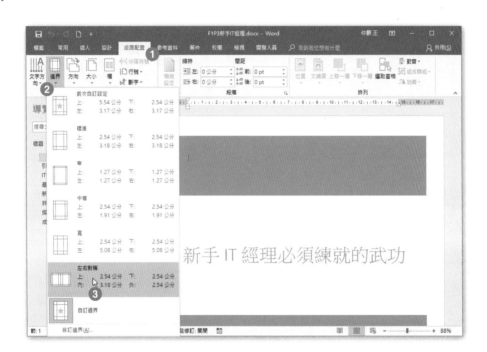

Step.1　點按〔**版面配置**〕索引標籤。

Step.2　點按〔**版面設定**〕群組裡的〔**邊界**〕命令按鈕。

Step.3　從展開的下拉式功能選單中點選〔**左右對稱**〕選項。

工作 2

在封面頁的正下方新增「回顧引述」文字方塊，並輸入文字 " Sergio Wang, 資訊官 "。

解題：

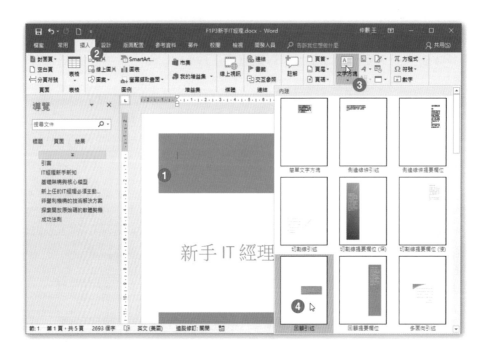

Step.1 點按 Ctrl + Home（因為封面在第一頁，所以，將文字插入游標移至第一頁起點）。

Step.2 點按〔**插入**〕索引標籤。

Step.3 點按〔**文字**〕群組裡的〔**文字方塊**〕命令按鈕。

Step.4 從展開的下拉式功能選單中點選「回顧引述」文字方塊。

Step.5 頁面上立即產生「回顧引述」文字方塊，刪除裡面的預設文字。

Step.6 　輸入文字「Sergio Wang, 資訊官」。

Step.7 　持續維持選取文字方塊後，點按〔**繪圖工具**〕底下的〔**格式**〕索引標籤。

Step.8 　點按〔**排列**〕群組裡的〔**位置**〕命令按鈕。

Step.9 　從展開的下拉式功能選單中點選〔**下方置中矩形文繞圖**〕選項。

工作 3

至第 2 頁，更新目錄。

解題：

Step.1 以滑鼠右鍵點按第 2 頁裡的既有目錄。

Step.2 從展開的快顯功能表中點選〔**變更功能變數**〕選項。

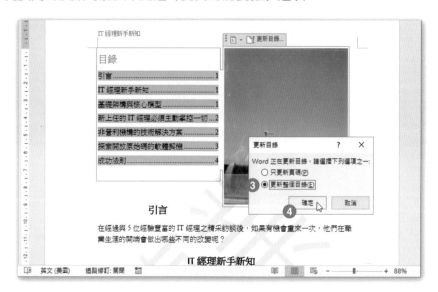

Step.3 開啟〔**更新目錄**〕對話操作，點選〔**更新整個目錄**〕選項。

Step.4 點按〔**確定**〕按鈕。

工作 4

在最後一頁標題文字 " 成功法則 " 的下方，新增來自〔**文件**〕資料夾裡的「成功法則.docx」內容。

解題：

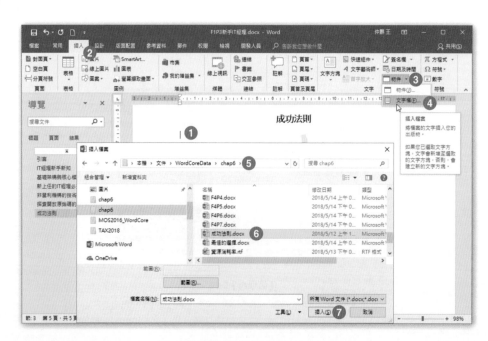

Step.1 將文字插入游標移至標題文字 " 成功法則 " 的下方。

Step.2 點按〔**插入**〕索引標籤。

Step.3 點按〔**文字**〕群組裡的〔**物件**〕命令按鈕。

Step.4 從展開的下拉式功能選單中點選〔**文字檔**〕選項。

Step.5 開啟〔**插入檔案**〕對話方塊，選擇檔案所在路徑。

Step.6 點選「成功法則 .docx」檔案。

Step.7 點按〔**插入**〕按鈕。

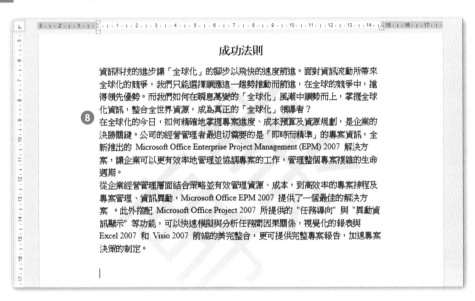

Step.8 順利匯入「成功法則 .docx」檔案的內容。

工作 5

檢查文件並移除所有檢查到的頁首、頁尾與浮水印。

解題：

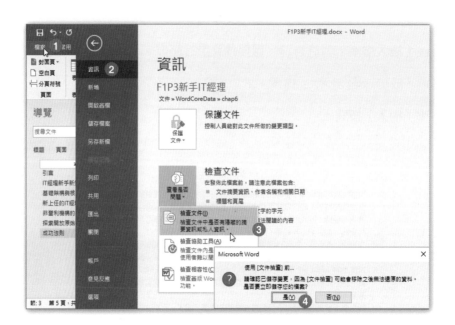

Step.1　點選〔**檔案**〕索引標籤。

Step.2　進入後台管理頁面，點選〔**資訊**〕選項。

Step.3　點按〔**查看是否問題**〕按鈕，並從展開的功能選單中點選〔**檢查文件**〕。

Step.4　在確認已儲存變更的對話中，點按〔**是**〕按鈕。

Step.5
開啟〔**文件檢查**〕對話方塊，點按〔**檢查**〕按鈕。

Step.6 檢查出文件裡包含了頁首、頁尾及浮水印的內容，點按〔**全部移除**〕按鈕。

Step.7 點按〔**關閉**〕按鈕，結束〔**文件檢查**〕的對話操作。

專案說明：

針對專案資訊的報導刊物，正需要進行排版與美工作業，您正被賦予這項工作，準備使用 Word 大顯身手。

請開啟〔F1P4IT 特別報導 .docx〕進行以下五項工作。

工作 1

選取第一區段的文字 "IT 經理新手新知 ⋯ 端點對端點檢視。"，調整為二欄版面配置，間距為 2 個字元。

解題：

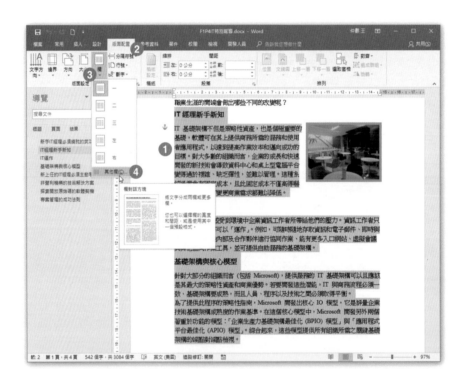

Step.1　選取第一區段的文字，從 "IT 經理新手新知 ⋯ " 到 "⋯端點對端點檢視。"。

Step.2　點按〔版面配置〕索引標籤。

Step.3　點按〔版面設定〕群組裡的〔欄〕命令按鈕。

Step.4　從展開的下拉式功能選單中點選〔其他欄〕功能選項。

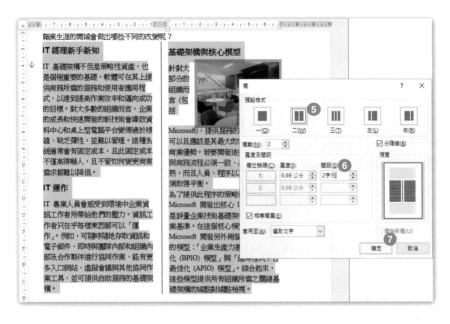

Step.5 開啟〔欄〕對話方塊，點按〔二〕欄。

Step.6 輸入欄位的間距為「2 字元」。

Step.7 點按〔確定〕按鈕。

工作 2

在第 2 頁標題文字 " 非營利機構的技術解決方案 " 的左邊，插入一個〔**文字換行分隔符號**〕的分頁符號設定。

解題：

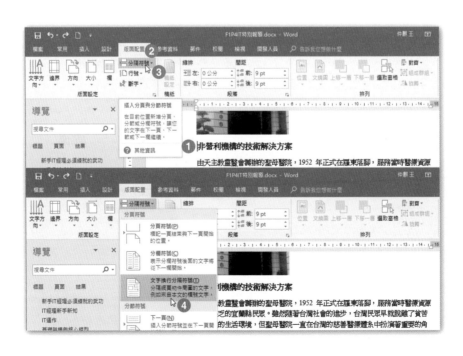

Step.1 將文字插入游標移至第 2 頁標題文字 " 非營利機構的技術解決方案 " 的左邊。

Step.2 點按〔**版面配置**〕索引標籤。

Step.3 點按〔**版面設定**〕群組裡的〔**分隔符號**〕命令按鈕。

Step.4 從展開的下拉式功能選單中點選〔**分頁符號**〕裡的〔**文字換行分隔符號**〕功能選項。

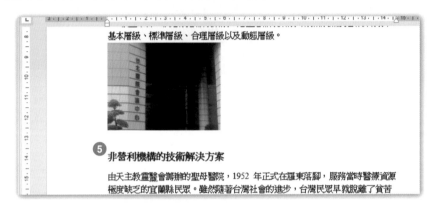

Step.5 標題文字 " 非營利機構的技術解決方案 " 的左邊添增了文字換行分隔符號。

工作 3

將第 3 頁標題文字 " 探索開放原始碼的軟體契機 " 下方的段落文字 " 取得免費資源 … 提供資訊服平台 " 格式化為項目符號清單,並自訂項目符號為〔**文件**〕資料夾裡的圖片檔案「筆電 .png」。

解題:

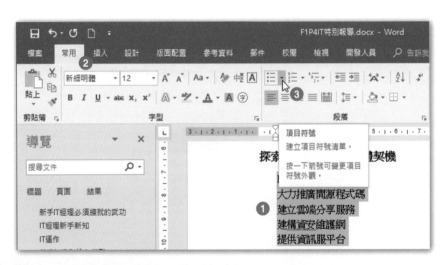

Step.1 選取文字 " 取得免費資源 … 提供資訊服平台 "。

Step.2 點按〔**常用**〕索引標籤。

Step.3 點按〔**段落**〕群組裡〔**項目符號**〕命令按鈕右側的小三角形按鈕。

Step.4 從展開的下拉式功能選單中點選〔**定義新的項目符號**〕功能選項。

Step.5 開啟〔**定義新的項目符號**〕對話方塊後,點按〔**圖片**〕按鈕。

Step.6 開啟〔**插入圖片**〕對話方塊後,點按〔**瀏覽**〕選項。

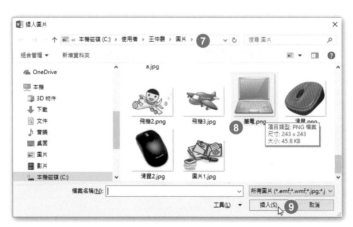

Step.7 開啟〔**插入圖片**〕對話方塊後,選擇圖片檔案所在路徑。

Step.8 點選「筆電 .png」圖片檔案。

Step.9 點按〔**插入**〕按鈕。

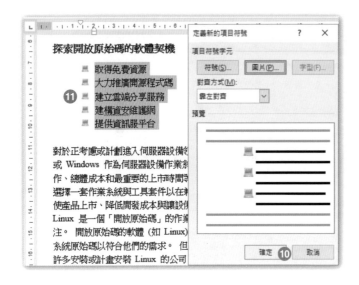

Step.10
回到〔**定義新的項目符號**〕對話方塊後，點按〔**確定**〕按鈕。

Step.11
完成圖片式項目符號清單的設定。

工作 4

對最後一頁裡的圖片套用「塑膠覆膜」美術效果。

解題：

Step.1 點選文件裡最後一頁的圖片檔案。

Step.2 點按〔**圖片工具**〕底下的〔**格式**〕索引標籤。

Step.3 點按〔**調整**〕群組裡的〔**美術效果**〕命令按鈕。

Step.4 從展開的各種美術效果中點選「塑膠覆膜」。

Step.5
順利為圖片套用「塑膠覆膜」美
術效果。

工作 5

對最後一頁裡的圖片套用「金色，輔色 4, 較深 25%」的圖片框線色彩。

解題：

Step.1 點選文件裡最後一頁的圖片檔案。

Step.2 點按〔**圖片工具**〕底下的〔**格式**〕索引標籤。

Step.3 點按〔**圖片樣式**〕群組裡的〔**圖片框線**〕命令按鈕。

Step.4 從展開的下拉式功能選單中點選「金色，輔色 4, 較深 25%」的圖片框線色彩。

專案 5

專案說明：

您正在建立一份關於樞紐分析表的講義，亦須根據主題、重點，區分各個章節段落，利用 Word 進行格式設定與項目符號、清單的縮排與套用，自是不在話下囉！

請開啟〔F1P5 樞紐分析表 .docx〕進行以下五項工作。

工作 1

設定自動校正讓 "GotopPublish" 可以取代 "gp"。

解題：

Step.1　點選〔檔案〕索引標籤。

Step.2　進入後台管理頁面，點選〔選項〕。

Step.3　開啟〔Word 選項〕對話操作，點選〔校訂〕選項。

Step.4　點按〔自動校正選項〕按鈕。

Step.5 開啟〔**自動校正**〕對話方塊，在〔**取代**〕文字方塊裡輸入「gp」，並在〔**成為**〕文字方塊裡輸入「GotopPublish」。

Step.6 點按〔**新增**〕按鈕。

Step.7 點按〔**關閉**〕按鈕。

Step.8 點按〔**確定**〕按鈕，結束〔Word **選項**〕對話操作。

工作 2

對於 "i"、"ii" 與 "iii" 段落的清單減少一個縮排層級 產生的段落清單結果應該標記著 "A."、"B." 與 "C."。

解題：

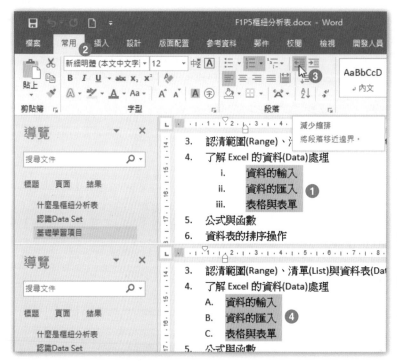

Step.1
點選原本套用 "i"、"ii" 與 "iii" 的清單段落文字。

Step.2
點按〔常用〕索引標籤。

Step.3
點按〔段落〕群組裡的〔減少縮排〕命令按鈕。

Step.4
完成段落清單的縮排設定。

工作 3

將最後兩段文字 " 規劃求解是一種模擬分析工具 … 並在群組中切換。" 含括到編號清單裡，並繼續既有的編號順序。

解題：

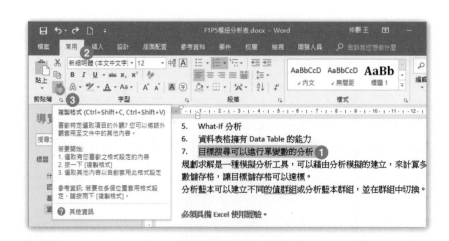

Step.1 選取最後一段的清單編號文字。

Step.2 點按〔**常用**〕索引標籤。

Step.3 點按〔**剪貼簿**〕群組裡的〔**複製格式**〕命令按鈕。

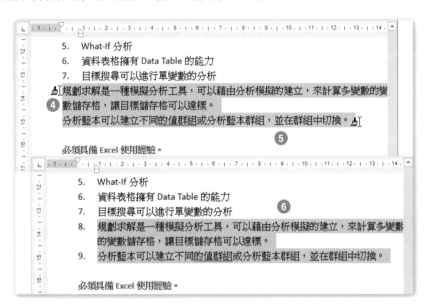

Step.4 滑鼠游標此時在文件畫面上將呈現刷子形狀。

Step.5 以滑鼠拖曳選取最後兩段文字。

Step.6 拖曳選取的最後兩段文字立即套用延續的既有編號順序。

工作 4

對最後一頁的文字 " 必須具備 Excel 使用經驗。" 移除所有格式設定。

解題：

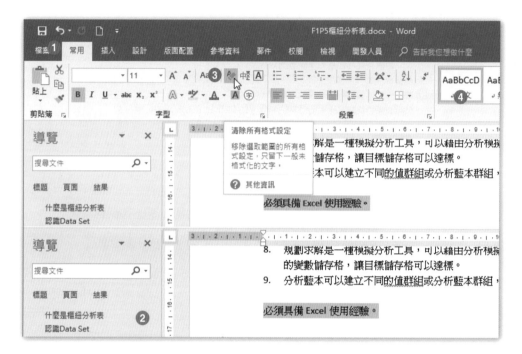

Step.1 選取最後一頁的文字 " 必須具備 Excel 使用經驗。"。

Step.2 點按〔**常用**〕索引標籤。

Step.3 點按〔**字型**〕群組裡的〔**清除所有格式設定**〕命令按鈕。

工作 5

將最後一頁的文字 " 課程效益 " 套用粗體斜體字型樣式、紅色粗底線，並調整字型大小為
16。

解題：

Step.1 選取最後一頁的文字 " 課程效益 "。

Step.2 點按〔**常用**〕索引標籤。

Step.3 點按〔**字型**〕群組裡的〔Ｂ〕與〔Ｉ〕命令按鈕設定為粗體字與斜體字樣式。

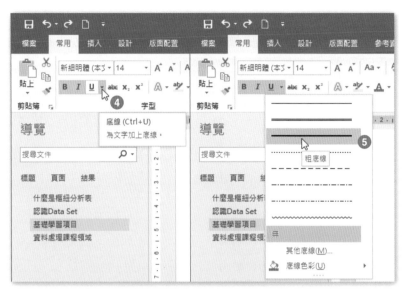

Step.4
點按〔Ｕ〕底線命令按鈕旁的小三角形按鈕。

Step.5
從展開的下拉式功能選單中點選〔**粗底線**〕選項。

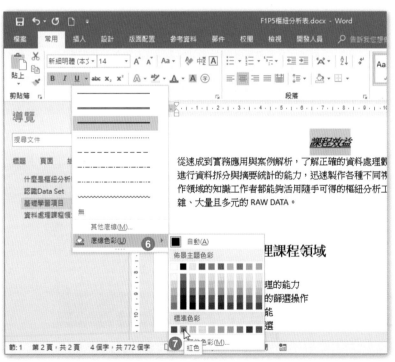

Step.6
再次點按〔Ｕ〕底線命令按鈕的下拉式功能選單，點選〔**底線色彩**〕選項。

Step.7
再從展開的副選單中點選〔**紅色**〕。

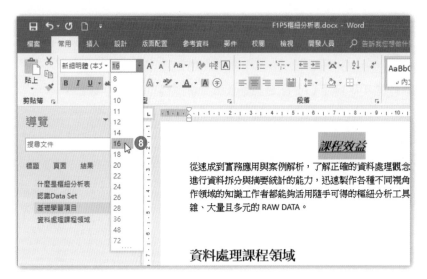

Step.8

點按〔**字型大小**〕命令按鈕，選擇字型大小為「16」。

專案 6

專案說明：

您正在利用 Word 建立並編輯一份圖文並茂，並匯入外來文件內容的折頁冊。

請開啟〔**F1P6 摺頁冊 .docx**〕進行以下四項工作。

工作 1

整份文件套用「陰影」樣式集。

解題：

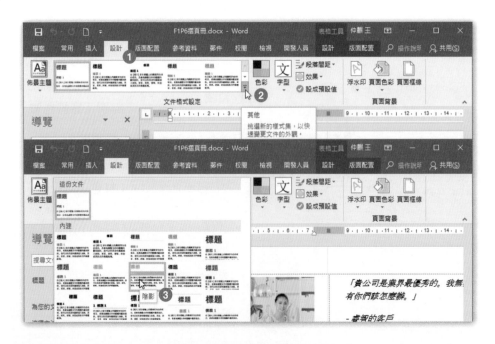

Step.1 點按〔**設計**〕索引標籤。

Step.2 點按〔**文件格式設定**〕群組裡的〔**其他**〕命令按鈕。

Step.3 從展開的樣式集清單中,點選〔**陰影**〕樣式集。

工作 2

調整在第二頁右下方的 "〔**公司名稱**〕", "〔**街道地址 郵遞區號,縣/市**〕", "〔**電話**〕", "〔**電子郵件**〕" 的段落間距,設定「行距」為「14 點」的固定行高。

解題:

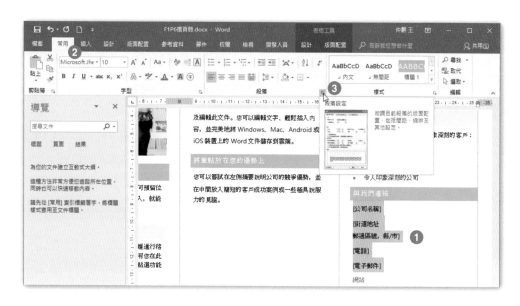

Step.1 選取在第二頁右下方的指定文字,從 "〔**公司名稱**〕" 到 "〔**電子郵件**〕"。

Step.2 點按〔**常用**〕索引標籤。

Step.3 點按〔**段落**〕群組名稱旁的對話方塊啟動器。

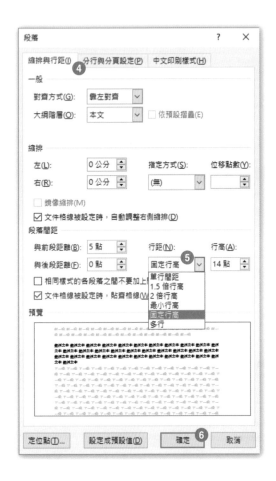

Step.4
開啟〔**段落**〕對話方塊，切換到〔**縮排與行距**〕索引頁籤。

Step.5
設定「行距」為固定行高，並輸入「14 點」。

Step.6
點按〔**確定**〕按鈕。

工作 3

在最後一頁左側的照片下方，插入位於〔**文件**〕資料夾裡的文字檔〔**歡迎 .odt**〕的內容。

解題：

Step.1 將文字插入游標移至最後一頁左側的照片下方。

Step.2 點按〔**插入**〕索引標籤。

Step.3 點按〔**文字**〕群組裡的〔**物件**〕命令按鈕。

Step.4 從展開的下拉式功能選單中點選〔**文字檔**〕選項。

Step.5 開啟〔**插入檔案**〕對話方塊,選擇檔案所在路徑。

Step.6 點選「歡迎 .odt」檔案。

Step.7 點按〔**插入**〕按鈕。

Step.8 順利匯入「歡迎 .odt」檔案的內容。

工作 4

在最後一頁右側標題文字 " 世界走透透！" 的上方插入一張來自〔**文件**〕資料夾裡的照片檔
案〔**夜景** .jpg〕。

解題：

Step.1　將文字插入游標移至最後一頁右側標題文字 " 世界走透透！" 的上方。

Step.2　點按〔**插入**〕索引標籤。

Step.3　點按〔**圖例**〕群組裡的〔**圖片**〕命令按鈕。

Step.4
開啟〔**插入圖片**〕對話方塊，選
擇圖片檔案的所在路徑。

Step.5
點選「**夜景** .jpg」檔案。

Step.6
點按〔**插入**〕按鈕。

Step.7
完成圖片檔案的插入。

專案說明：

您正在建立一份關於內部教育訓練的通告文件。包含通告內容、報名回函以及課程的安排，都是運用 Word 來完成。

請開啟〔F1P7 訓練通告 .docx〕進行以下四項工作。

工作 1

對第 1 頁的標題文字 " 通告內容 " 以及第 2 頁的標題文字 " 報名回函 " 套用〔**鮮明強調**〕樣式。

解題：

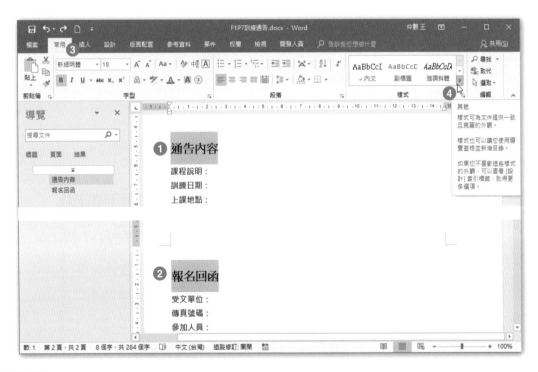

Step.1 選取第 1 頁的標題文字 " 通告內容 "。

Step.2 按住 Ctrl 按鍵不放繼續複選第 2 頁的標題文字 " 報名回函 "。

Step.3 點按〔**常用**〕索引標籤。

Step.4 點按〔**樣式**〕群組裡的〔**其他**〕命令按鈕。

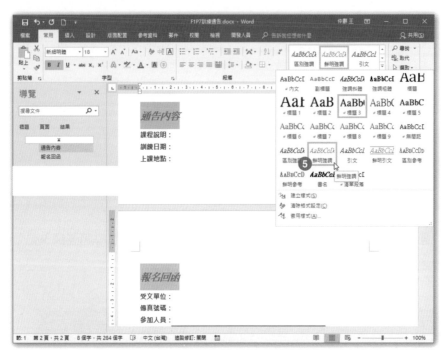

Step.5
從展開的樣式清單中
點選點〔**鮮明強調**〕
樣式。

工作 2

將第 1 頁裡的表格轉換為以定位點符號區隔的文字。

解題：

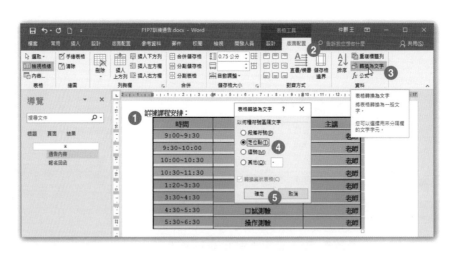

Step.1 選取整個表格。

Step.2 點按〔**表格工具**〕底下的〔**版面配置**〕索引標籤。

Step.3 點按〔**資料**〕群組裡的〔**轉換為文字**〕命令按鈕。

Step.4 開啟〔**表格轉換為文字**〕對話方塊，點選〔**定位點**〕選項。

Step.5 點按〔**確定**〕按鈕。

訓練課程安排：

時間	課程內容	主講
9:00~9:30	KeyNote	老師
9:30~10:00	Section 1	老師
10:00~10:30	Section 2	老師
10:30~11:30	Section 3	老師
1:20~3:30	Section 4	老師
3:30~4:30	筆試測驗	老師
4:30~5:30	口試測驗	老師
5:30~6:30	操作測驗	老師

Step.6 完成表格轉換為文字的操作。

工作 3

將第 2 頁裡的句子 " 推動視覺化…作業研習會。" 搬移至文字 " 上述課程必須要有至少 20 位以上的學員才成班。" 的下方，但是移除斜體字型格式。

解題：

Step.1 選取第 2 頁裡的文字 " 推動視覺化…作業研習會。"。

Step.2 點選〔**常用**〕索引標籤底下〔**剪貼簿**〕群組裡的〔**剪下**〕命令按鈕。

Step.3
將文字插入游標移至文字 " 上述課程必須要有至少 20 位以上的學員才成班。" 的下方。

Step.4
點按〔剪貼簿〕群組裡〔貼上〕命令按鈕的下半部按鈕。

Step.5
從展開的功能選單中點選〔只保留文字〕選項。

Step.6
完成文字的搬移。

工作 4

將第 2 頁 SmartArt 圖形的色彩變化,變更為「彩色範圍－輔色 5 至 6」並套用「鮮明效果」樣式。

解題:

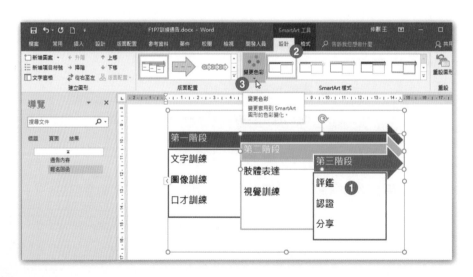

Step.1　點選第 2 頁 SmartArt 圖形。

Step.2　點按〔SmartArt〕工具底下的〔設計〕索引標籤。

Step.3 點按〔SmartArt 樣式〕群組裡的〔**變更色彩**〕命令按鈕。

Step.4 從展開的 SmartArt 色彩功能選單中點選「彩色範圍－輔色 5 至 6」選項。

Step.5 點按〔SmartArt 樣式〕群組裡的「鮮明效果」樣式。

專案 1

專案說明：

為了提升大家的健康觀念與健康習慣，市府高層決定舉辦各項健康活動與減重計畫，您是專案承辦人，正著手準備相關文件。

此專案與第一組題目的第 1 個專案完全相同，請至第一組題目專案 1，開啟〔**F1P1 減重計畫** .docx〕進行相關的七項工作。

專案 2

專案說明：

您專門負責巧藝影視公司所拍攝的美國運動節目與體育賽事，透過 Word 正在編輯一份運動賽事傳單。

請開啟〔**F2P2 運動賽事** .docx〕進行以下五項工作。

工作 1

將「文件」資料夾裡的「歡迎加入 .docx」文件內容新增至這份文件中央的紅色橫條線下方。

解題：

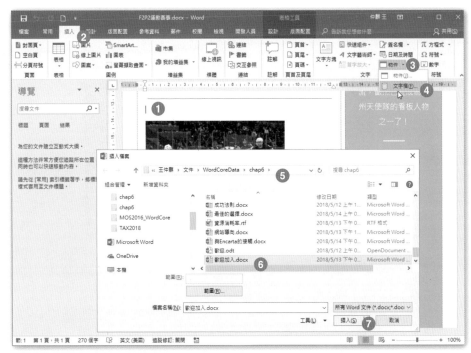

Step.1
將文字插入游標移至文件中央的紅色橫條線下方。

Step.2
點按〔**插入**〕索引標籤。

Step.3
點按〔**文字**〕群組裡的〔**物件**〕命令按鈕。

Step.4 從展開的下拉式功能選單中點選〔**文字檔**〕選項。

Step.5 開啟〔**插入檔案**〕對話方塊，選擇檔案所在路徑。

Step.6 點選「歡迎加入 .docx」檔案。

Step.7 點按〔**插入**〕按鈕。

Step.8 順利匯入「歡迎加入 .docx」檔案的內容。

工作 2

對這份文件底部的冰上曲棍球圖像照片，套用「圓形凸面浮凸」圖片效果。

解題：

Step.1 點選文件底部的冰上曲棍球圖片檔案。

Step.2 點按〔**圖片工具**〕底下的〔**格式**〕索引標籤。

Step.3 點按〔**圖片樣式**〕群組裡的〔**圖片效果**〕命令按鈕。

Step.4 從展開的圖片效果選單中點選〔**浮凸**〕圖片效果。

Step.5 再從展開的副選單中點選〔**圓形凸面**〕。

工作 3

將含有冰上曲棍球的照片搬移到標題文字 " 運動賽事 " 的正下方空白段落。

解題：

Step.1
點選文件底部的冰上曲棍球圖片檔案。

Step.2
點按〔常用〕索引標籤。

Step.3
點按〔剪貼簿〕群組裡的〔剪下〕命令按鈕。

Step.4
將文字插入游標移至標題文字 " 運動賽事 " 的正下方。

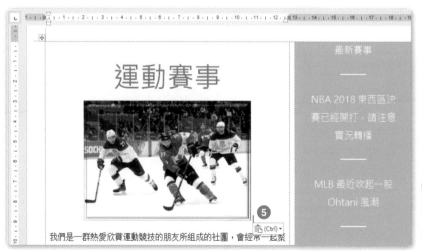

Step.5
按下鍵盤上的 Ctrl + V 按鍵，完成貼上圖片。

工作 4

在側邊欄內的文字底部,新增來自〔文件〕資料夾裡的圖片檔「USA 四大職業運動 .png」。

解題:

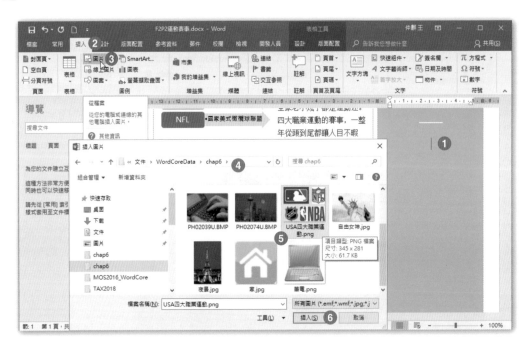

Step.1 將文字插入游標移至側邊欄內的文字底部。

Step.2 點按〔**插入**〕索引標籤。

Step.3 點按〔**圖例**〕群組裡的〔**圖片**〕命令按鈕。

Step.4 開啟〔**插入圖片**〕對話方塊,選擇圖片檔案的所在路徑。

Step.5 點選「USA 四大職業運動 .png」檔案。

Step.6 點按〔**插入**〕按鈕。

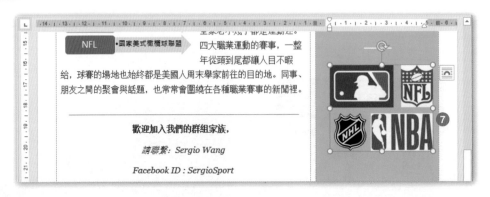

Step.7 完成圖片檔案的插入。

工作 5

重新調整 SmartArt 圖形裡的文字順序，使得 "NFL 國家美式橄欖球聯盟" 在 "NHL 國家冰球聯盟" 的上方。

解題：

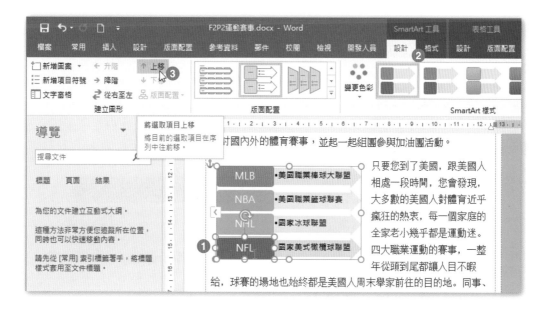

Step.1　點選 SmartArt 圖形裡的 "NFL" 圖案。

Step.2　點按〔SmartArt 工具〕底下的〔**設計**〕索引標籤。

Step.3　點按〔**建立圖形**〕群組裡的〔**上移**〕命令按鈕。

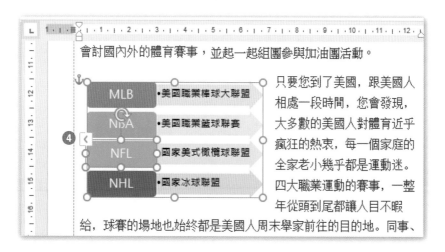

Step.4　"NFL" 圖形將位於 'NHL' 圖形的上方。

專案 3

專案說明：

對於專案工作的分派與資源的運用，必須在專案文件中明文訂定，您正在使用 Word 建立相關說明文件，並設定頁首頁尾，進行簡易排版。

請開啟〔F2P3 關於專案資源 .docx〕進行以下五項工作。

工作 1

設定整份文件的行距都是 2 倍行高。

解題：

Step.1　按下鍵盤上的 Ctrl + A 選取整份文件。

Step.2　點按〔常用〕索引標籤。

Step.3　點按〔段落〕群組名稱旁的對話方塊啟動器。

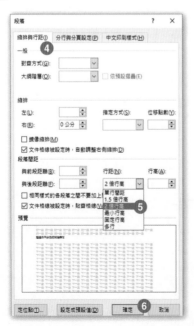

Step.4
開啟〔段落〕對話方塊，切換到〔縮排與行距〕索引頁籤。

Step.5
設定「行距」為「2 倍行高」。

Step.6
點按〔確定〕按鈕。

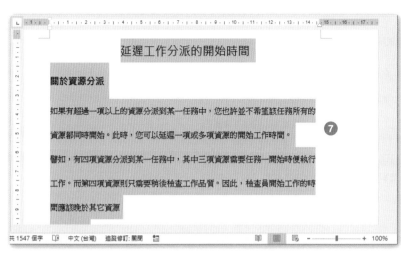

工作 2

剪下側標題文字 " 對工作分派套用作業分佈 " 底下的第 2 段文字 並貼到側標題 " 摘要說明 "
底下的兩段文字之間。

解題：

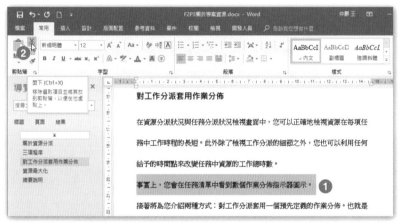

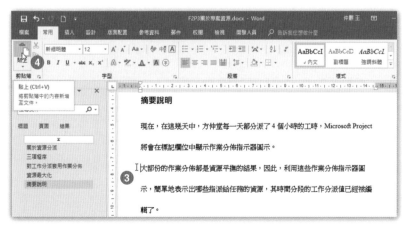

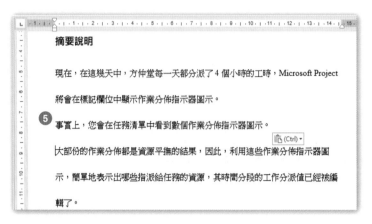

Step.5 完成文字的搬移。

工作 3

從 " 有四項資源分派到某一任務中…" 開始，到 "…一開始時便執行工作。" 的文字，格式化為「鮮明參考」的文字樣式。

解題：

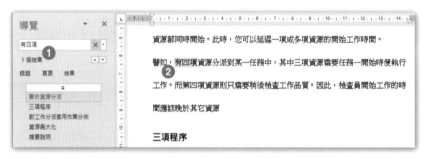

Step.1 點選左側導覽窗格裡的文字方塊，輸入「有四項」關鍵字。

Step.2 立即尋找到「有四項」為首的本文。

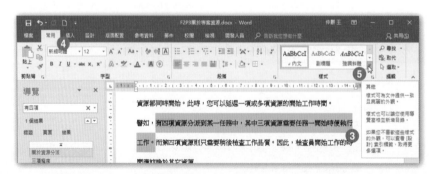

Step.3 選取從 " 有四項資源分派到某一任務中…" 開始，到 "…便執行工作。" 的文字。

Step.4 點按〔**常用**〕索引標籤。

Step.5 點按〔**樣式**〕群組裡的〔**其他**〕命令按鈕。

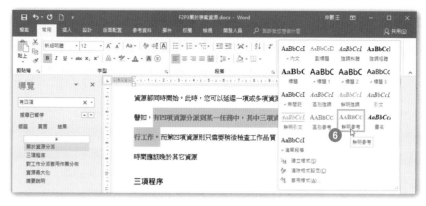

Step.6 從展開的樣式清單中點選「鮮明參考」文字樣式。

工作 4

插入一個「積分」頁首，並且不會在首頁顯示頁首。

解題：

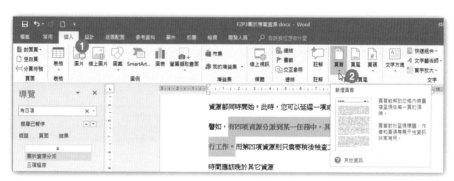

Step.1 點按〔**插入**〕索引標籤。

Step.2 點按〔**頁首及頁尾**〕群組裡的〔**頁首**〕命令按鈕。

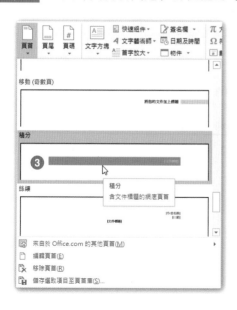

Step.3

從展開的頁首選單中點選「積分」頁首。

Step.4 順利建立所套用的頁首。

Step.5 勾選〔**頁首及頁尾工具**〕底下〔**設計**〕索引標籤裡的〔**首頁不同**〕核取方塊。

Step.6 點按〔**關閉**〕群組裡的〔**關閉頁首及頁尾**〕命令按鈕。

工作 5

為 " 讓資源最大化 " 側標題文字建立一個名為 " 讓資源最大化 " 的書籤。

解題：

Step.1 選取側標題文字 " 讓資源最大化 "。

Step.2 點按〔**插入**〕索引標籤。

Step.3 點按〔**連結**〕群組裡的〔**書籤**〕命令按鈕。

Step.4 開啟〔**書籤**〕對話方塊，輸入「讓資源最大化」。

Step.5 點按〔**新增**〕按鈕。

專案 4

專案說明：

您正在準備一份銷售報告，要提供給全泉服飾精品公司的新就任業務經理。

請開啟〔F2P4 銷售報告 .docx〕進行以下五項工作。

工作 1

在第 1 頁底部的 " 業績 " 文字之前立即新增一個「下一頁」的分節符號。

解題：

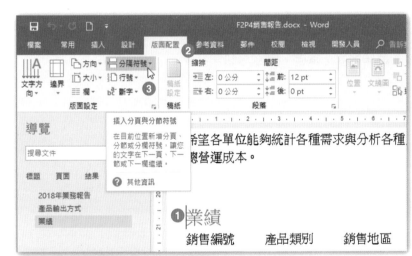

Step.1

將文字插入游標移至第 1 頁底部的 " 業績 " 文字之前。

Step.2

點按〔版面配置〕索引標籤。

Step.3

點按〔版面設定〕群組裡的〔分隔符號〕命令按鈕。

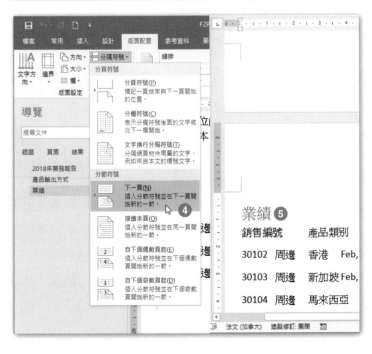

Step.4

從展開的下拉式功能選單中點選〔分節符號〕裡的〔下一頁〕功能選項。

Step.5

" 業績 " 標題文字為首的文件內容已經移至新的一頁。

工作 2

在每一個頁面的底部新增一個「圓角矩形 2」的頁碼。

解題：

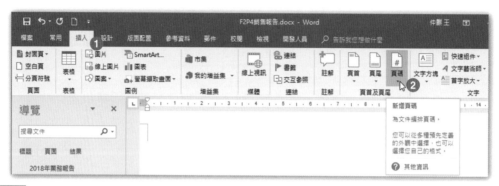

Step.1 點按〔**插入**〕索引標籤。

Step.2 點按〔**頁首及頁尾**〕群組裡的〔**頁碼**〕命令按鈕。

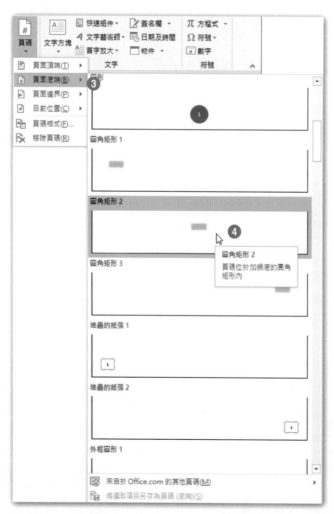

Step.3
從展開的頁碼功能選單中點選〔**頁面底端**〕功能選項。

Step.4
再從展開的副功能選單中點選「**圓角矩形 2**」。

Step.5 順利在頁尾套用頁碼。

Step.6 點按〔**頁首及頁尾工具**〕底下的〔**設計**〕索引標籤。

Step.7 點按〔**關閉**〕群組裡的〔**關閉頁首及頁尾**〕命令按鈕。

工作 3

找到產品輸出方式的清單，將原本的大寫字母（A, B, C）編號改成數字的編號（1. 2. 3.）。

解題：

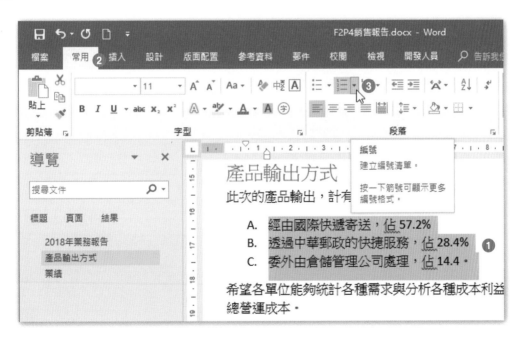

Step.1 選取大寫字母（A, B, C）為項目編號的三個段落文字。

Step.2 點按〔**常用**〕索引標籤。

Step.3 點按〔**段落**〕群組裡的〔**編號**〕命令按鈕旁的小三角形按鈕。

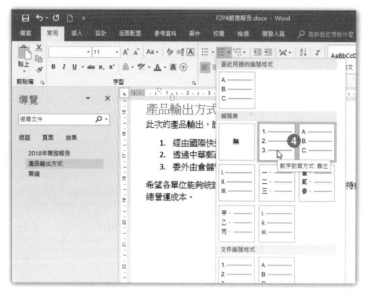

Step.4

從展開的編號清單中點選編號（1. 2. 3.）〔**數字對齊方式靠左**〕選項。

工作 4

套用頁面色彩為「綠色，輔色 6，較淺 80%」。

解題：

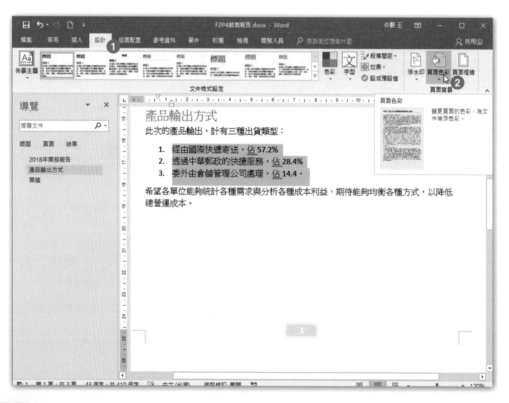

Step.1　點按〔**設計**〕索引標籤。

Step.2　點按〔**頁面背景**〕群組裡的〔**頁面色彩**〕命令按鈕。

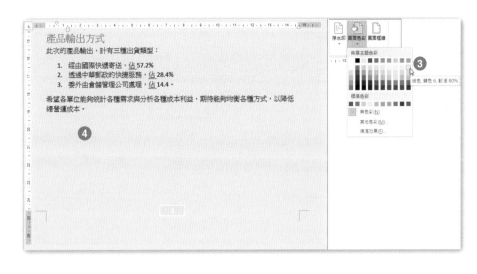

Step.3 從展開的色彩選單中點選「綠色, 輔色 6, 較淺 80%」。

Step.4 文件頁面順利套用指定的頁面色彩。

工作 5

重新設定在 " 業績 " 節區底下的編號清單,新的編號值從 "20211" 開始。

解題:

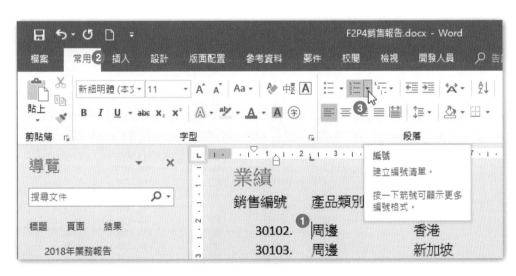

Step.1 將文字插入游標移至第一個項目編號的內文裡。

Step.2 點按〔**常用**〕索引標籤。

Step.3 點按〔**段落**〕群組裡的〔**編號**〕命令按鈕旁的小三角形按鈕。

Step.4
從展開的編號清單中點選〔**設定編號值**〕功能選項。

Step.5
開啟〔**設定編號值**〕對話方塊，點選並刪除原本的編號值。

Step.6 輸入編號值為「20211」。

Step.7 點按〔**確定**〕按鈕。

Step.8 完成編號清單的重新編號。

專案說明：

您正利用 Word 編輯一份業績統計資料，並準備在文件裡建立較視覺化的標題文字，以及標示醒目的重點與更正不該存在的錯別字。

請開啟〔F2P5 業績統計 .docx〕進行以下四項工作。

工作 1

對 " 黃欣文 " 為首的整列文字，設定為粉紅色的文字醒目提示色彩。

解題：

王廷森	30110	晶片組	Feb, 2018	128	257,280
曾祺國	30111	晶片組	Feb, 2018	881	1,770,810
			2018	749	1,505,490
			2018	128	257,280
			2018	308	95,480
黃欣文	文字醒目提示色彩	機械零件	Feb, 2018	823	255,130
劉茹柏	30116	機械零件	Feb, 2018	815	252,650

Step.1
點選表格裡 " 黃欣文 " 為首的整列內容。

Step.2
維持滑鼠游標仍在選取內容時，會顯示迷你工具列，點按〔**文字醒目提示色彩**〕工具按鈕旁的小三角形按鈕。

王廷森	30110	晶片組	Feb, 2018	128	257,280
曾祺國	30111	晶片組	Feb, 2018	881	1,770,810
			018	749	1,505,490
			018	128	257,280
			018	308	95,480
黃欣文		零件	Feb, 2018	823	255,130
劉茹柏		零件	Feb, 2018	815	252,650
洪律維		零件	Feb, 2018	727	225,370
蕭傑明		零件	Feb, 2018	447	138,570
王岳俊		零件	Feb, 2018	688	213,280

以上資訊由業務部陳專員提供

Step.3
從展開的文字醒目提示色彩選單中，點選〔**粉紅色**〕選項。

工作 2

格式化標題 " 業績統計表 " 為文字藝術師文字方塊，並套用「漸層填滿：藍色，輔色 5; 反射」樣式。

解題：

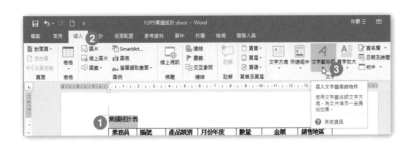

Step.1 選取標題文字 " 業績統計表 "。

Step.2 點按〔**插入**〕索引標籤。

Step.3 點按〔**文字**〕群組裡的〔**文字藝術師**〕命令按鈕。

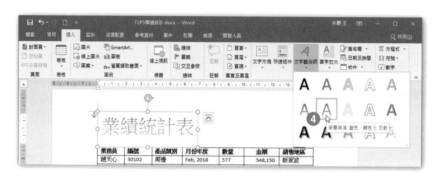

Step.4 從展開的文字藝術師樣式清單中點選〔**漸層填滿：藍色，輔色 5; 反射**〕。

工作 3

使用「尋找及取代」功能將所有的文字 " 新家波 " 替換成 " 新加坡 "。

解題：

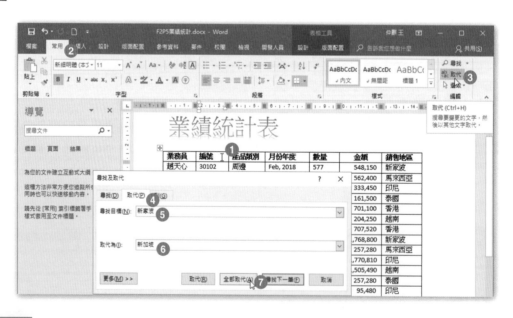

Step.1 文字插入游標移至文件裡 (不要選取物件或特定文字)。

Step.2 點按〔**常用**〕索引標籤。

Step.3 點按〔**編輯**〕群組裡的〔**取代**〕命令按鈕。

Step.4 開啟〔**尋找及取代**〕對話方塊，切換到〔**取代**〕索引頁籤。

Step.5 在〔**尋找目標**〕文字方塊輸入「新家波」。

Step.6 在〔**取代**〕文字方塊輸入「新加坡」。

Step.7 點按〔**全部取代**〕按鈕。

Step.8
完成多項資料的取代,點按〔**確定**〕按鈕。

Step.9
點按〔**關閉**〕按鈕,結束〔**尋找及取代**〕
對話方塊的操作。

工作 4

新增一個「綵帶:向下傾斜」圖案並在其中輸入文字 " 邁向亞洲頂尖霸主從 2018 開始 !" ,再
讓此圖案對齊在頁面正下方。

解題:

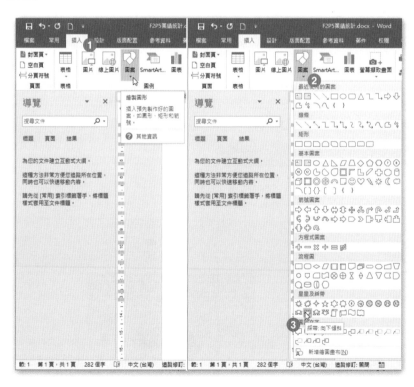

Step.1
點按〔**插入**〕索引標籤。

Step.2
點按〔**圖例**〕群組裡的
〔**圖案**〕命令按鈕。

Step.3
從展開的圖案選單中點
選「綵帶:向下傾斜」圖
案。

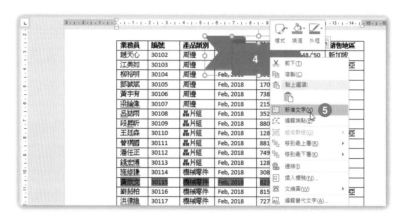

Step.4 在頁面上點按或拖曳繪製「綵帶：向下傾斜」圖案，然後，以滑鼠右鍵點按此圖案。

Step.5 從展開的快顯功能表中點選〔**新增文字**〕功能選項。

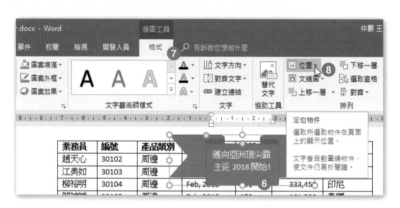

Step.6 在圖案裡輸入文字「邁向亞洲頂尖霸主從 2018 開始！」。

Step.7 點按〔**繪圖工具**〕底下的〔**格式**〕索引標籤。

Step.8 點按〔**排列**〕群組裡的〔**位置**〕命令按鈕。

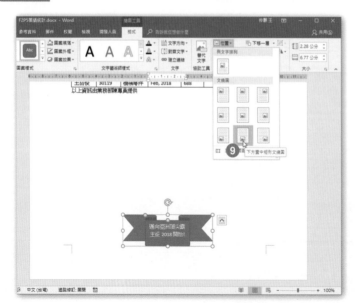

Step.9

再從展開的功能選單中點選〔**下方置中矩形文繞圖**〕功能選項。

專案 6

專案說明：

專案經理正在準備一份關於資源調整的演講，您正被要求針對這份演講所需的文件進行編輯、排版與封面的製作。

請開啟〔F2P6 調整資源 .docx〕進行以下五項工作。

工作 1

使用〔到〕功能，直接跳到第 6 個標題，並刪除其下方的第 1 個段落文字。

解題：

Step.1　點按〔常用〕索引標籤。

Step.2　點按〔編輯〕群組裡的〔尋找〕命令按鈕旁的小三角形按鈕。

Step.3　從展開的功能選單中點選〔到〕功能選項。

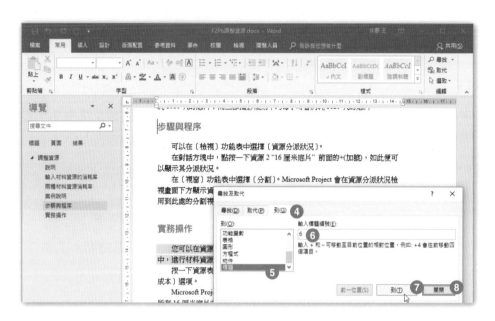

Step.4 開啟〔**尋找及取代**〕對話方塊並自動切換至〔**到**〕索引頁籤。

Step.5 點選〔**標題**〕。

Step.6 輸入「6」。

Step.7 點按〔**到**〕按鈕。

Step.8 點按〔**關閉**〕按鈕。

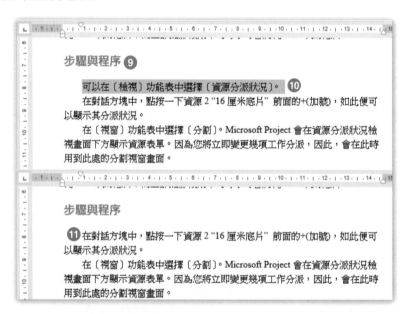

Step.9 畫面立即切換到文件裡的第六個標題處。

Step.10 選取標題底下的第一段文字。

Step.11 按下鍵盤上的 Delete 按鍵,將選取的文字刪除。

工作 2

將 " 審慎資料來源 " 開始的縮排清單，套用項目符號。

解題：

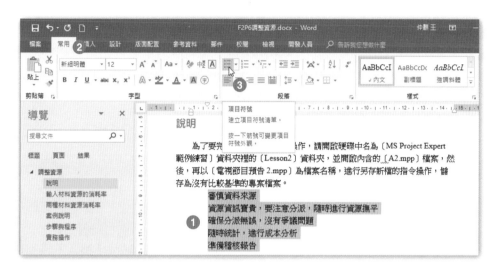

Step.1 選取 " 審慎資料來源 " 開始的縮排清單文字。

Step.2 點按〔**常用**〕索引標籤。

Step.3 點按〔**段落**〕群組裡〔**項目符號**〕命令按鈕。

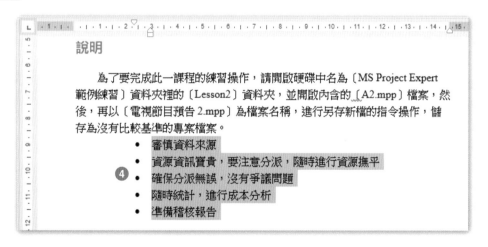

Step.4 完成項目符號的套用。

工作 3

新增「鏤空花紋」封面頁，然後，刪除預留位置 " 〔**公司地址**〕" 控制項。

解題：

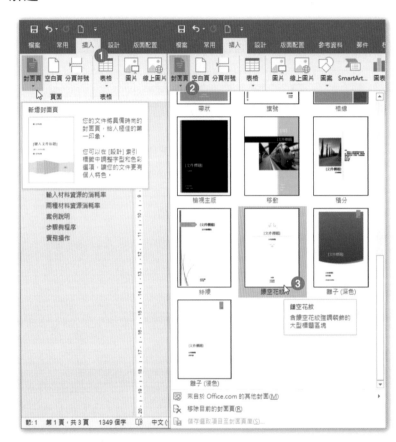

Step.1
點按〔**插入**〕索引標籤。

Step.2
點按〔**頁面**〕群組裡的〔**封面頁**〕命令按鈕。

Step.3
從展開的封面頁清單中點選〔**鏤空花紋**〕封面頁。

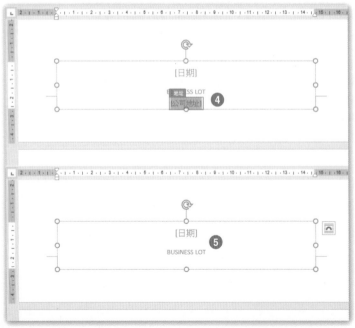

Step.4
立即點選封面頁底部的公司地址控制項。

Step.5
按下鍵盤上的 Delete 按鍵後，刪除選取的公司地址控制項。

工作 4

在分節符號之後,將紙張方向改為「橫向」。

解題:

Step.1 點按〔**常用**〕索引標籤。

Step.2 點按〔**編輯**〕群組裡的〔**尋找**〕命令按鈕旁的小三角形按鈕。

Step.3 從展開的功能選單中點選〔**到**〕功能選項。

Step.4 開啟〔**尋找及取代**〕對話方塊並自動切換至〔**到**〕索引頁籤。

Step.5 點選〔**節**〕。

Step.6 輸入「2」。

Step.7 點按〔**到**〕按鈕。

Step.8 點按〔**關閉**〕按鈕。

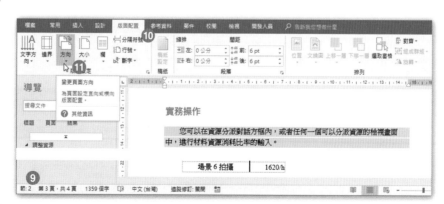

Step.9 畫面立即切換到文件裡的第 2 節起點。

Step.10 點按〔**版面配置**〕索引標籤。

Step.11 點按〔**版面設定**〕群組裡的〔**方向**〕命令按鈕。

Step.12 從展開的功能選單中點選〔**橫向**〕。

Step.13 第 2 節的內文已經變成橫向紙張的版面了。

工作 5

在側邊標題文字 " 兩種材料資源消耗率 " 上方插入來自〔文件〕資料夾裡檔案名稱為「資源消耗率 .rtf」的內容。

解題：

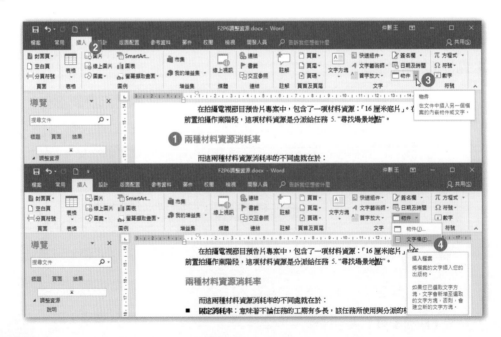

Step.1 將文字插入游標移至文件標題文字 " 兩種材料資源消耗率 " 左側。

Step.2 點按〔**插入**〕索引標籤。

Step.3 點按〔**文字**〕群組裡的〔**物件**〕命令按鈕。

Step.4 從展開的下拉式功能選單中點選〔**文字檔**〕選項。

Step.5 開啟〔**插入檔案**〕對話方塊，選擇檔案所在路徑。

Step.6 點選「資源消耗率 .rtf」檔案。

Step.7 點按〔**插入**〕按鈕。

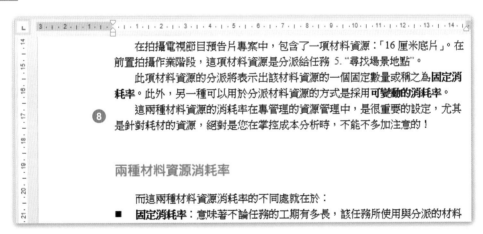

Step.8 順利匯入「資源消耗率 .rtf」檔案的內容。

專案說明：

您正在準備一份專案資源分配的資料，除了套用表格的指定樣式外，也要移除此文件裡的個人私密摘要資訊，以維護文件的安全性。

請開啟〔F2P7 資源分派 .docx〕進行以下四項工作。

工作 1

為表格添增替代文字，標題文字為："資源表單"，描述文字為："拍攝場景的任務清單"。

解題：

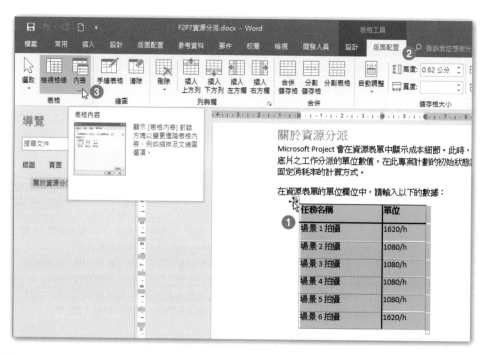

Step.1　點選整個表格。

Step.2　點按〔**表格工具**〕底下的〔**版面配置**〕索引標籤。

Step.3　點按〔**表格**〕群組裡的〔**內容**〕命令按鈕。

Step.4
開啟〔**表格內容**〕對話方塊,點選〔**替代文字**〕索引頁籤。

Step.5
在〔**標題**〕文字方塊裡輸入文字「資源表單」。

Step.6
在〔**描述**〕文字方塊裡輸入文字「拍攝場景的任務清單」。

Step.7
點按〔**確定**〕按鈕。

工作 2

為表格套用「格線表格 5 深色 – 輔色 1」表格樣式。

解題:

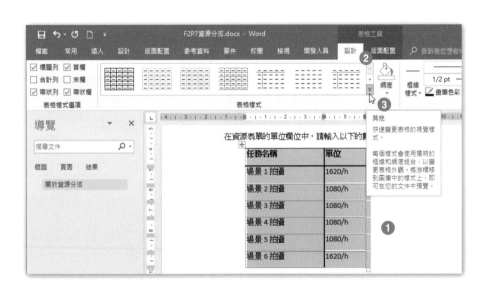

Step.1 選取表格。

Step.2 點按〔**表格工具**〕底下的〔**設計**〕索引標籤。

Step.3 點按〔**表格樣式**〕群組裡的〔**其他**〕命令按鈕。

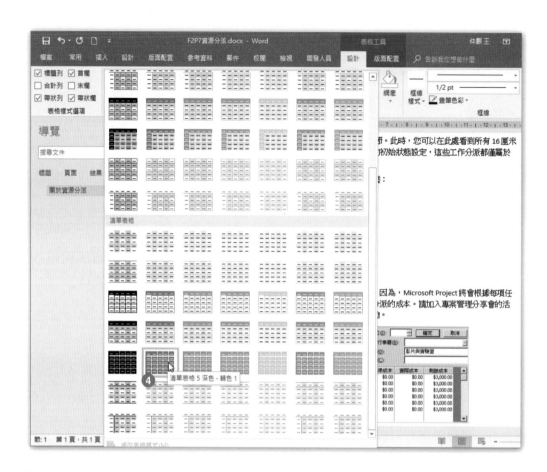

Step.4 從展開的表格樣式清單中點選「格線表格 5 深色 – 輔色 1」表格樣式。

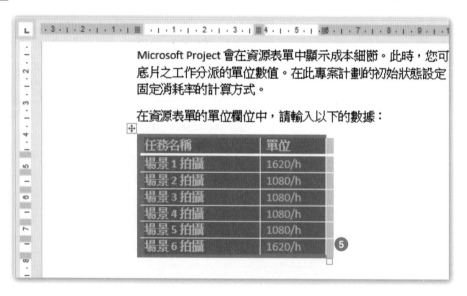

Step.5 完成表格樣式的套用。

工作 3

從 " 在資源表單中可以…", 開始的句子 在文字 " 專案管理分享會 " 的後面添加一個註冊符號 (Registered Sign)。

解題：

Step.1 　將文字插入游標移至文字 " 專案管理分享會 " 的右邊。

Step.2 　輸入「(r」。

Step.3 　輸入「)」後自動校正為「®」。

工作 4

檢查文件並移除任何私人資訊。

解題：

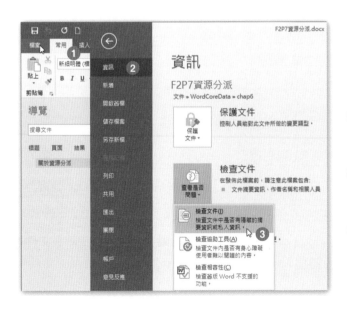

Step.1
點按〔**檔案**〕索引標籤。

Step.2
進入後台管理頁面後，點按〔**資訊**〕。

Step.3
點按〔**查看是否問題**〕按鈕，並從展開的功能選單中點選〔**檢查文件**〕。

Step.4

開啟〔**文件檢查**〕對話方塊,點按〔**檢查**〕按鈕。

Step.5

檢查出文件裡包含了私人資訊,點按〔**全部移除**〕按鈕。

Step.6

點按〔**關閉**〕按鈕,結束〔**文件檢查**〕的對話操作。

6-3 第三組

專案 1

專案說明：

您是碁峰資訊顧問公司的專案助理，正協助專案經理整理一份節目拍攝的文案，準備提供給客戶參酌。

請開啟〔F3P1 專案管理 .docx〕進行以下七項工作。

工作 1

在文件底部的文字 " 感謝全泉科技的支援！" 下方新增 SmartArt 垂直區塊清單，並在最上層的藍色標籤圖案輸入文字 "Sergio Wang"。

解題：

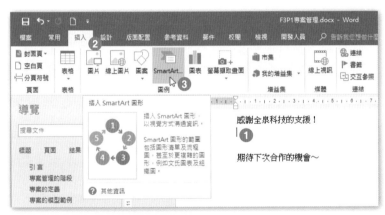

Step.1
將文字插入游標移至文件底部的文字 " 感謝全泉科技的支援！" 下方。

Step.2
點按〔**插入**〕索引標籤。

Step.3
點按〔**圖例**〕群組裡的〔SmartArt〕命令按鈕。

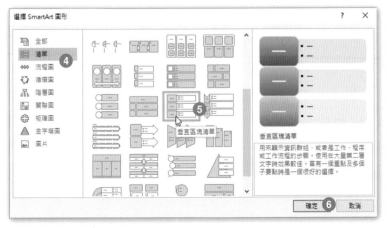

Step.4
開啟〔**選擇 SmartArt 圖形**〕對話方塊，點選〔**清單**〕類的 SmartArt 樣式。

Step.5
點選「垂直區塊清單」圖表。

Step.6
點按〔**確定**〕按鈕。

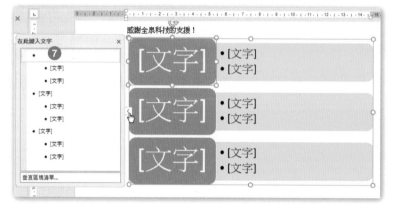

Step.7

在文件裡產生 SmartArt 圖形,點選左側的文字編輯區塊,開始輸入文字。

Step.8

針對第一個段落(第一個方塊圖案),輸入文字:「Sergio Wang」。

工作 2

在 " 節目拍攝專案 " 區段裡的段落文字 " 以下表格將列出此次專案的各項任務: " 下方,新增一個八列六欄的表格。

解題:

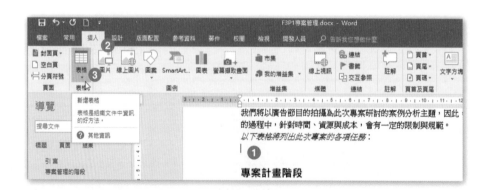

Step.1 將文字插入游標移至文字 " 以下表格將列出此次專案的各項任務：" 下方。

Step.2 點按〔**插入**〕索引標籤。

Step.3 點按〔**表格**〕群組裡的〔**表格**〕命令按鈕。

Step.4 從展開的表格功能選單中拖曳 6x8 的表格大小。

Step.5 在文字插入游標所在處，立即建立了八列六欄的空白表格。

工作 3

將標題 " 廣告拍攝專案任務 " 下方表格的最後一列，合併成一個儲存格。

解題：

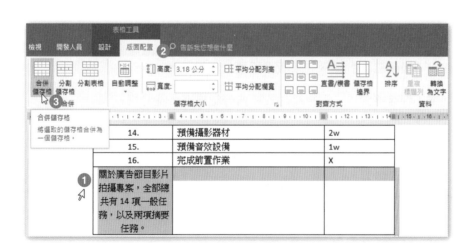

Step.1 選取表格裡的最後一整列。

Step.2 點按〔**表格工具**〕底下的〔**版面配置**〕索引標籤。

Step.3 點按〔**合併**〕群組裡的〔**合併儲存格**〕命令按鈕。

14.	預備攝影器材	2w
15.	預備音效設備	1w
16.	完成前置作業	X
關於廣告節目影片拍攝專案，全部總共有 14 項一般任務，以及兩項摘要任務。 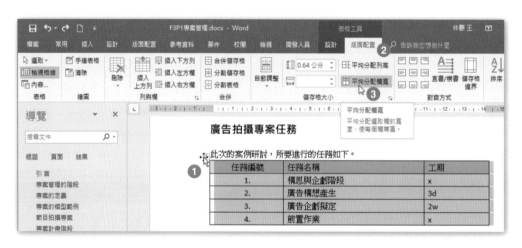		

感謝全泉科技的支援！

Step.4　表格裡的最後一整列已經合併成一個儲存格。

工作 4

調整標題 " 廣告拍攝專案任務 " 下方表格的欄寬，讓所有的欄寬都是一樣寬。

解題：

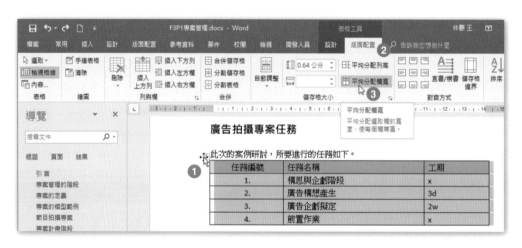

Step.1　點選整個表格。

Step.2　點按〔**表格工具**〕底下的〔**版面配置**〕索引標籤。

Step.3　點按〔**儲存格大小**〕群組裡的〔**平均分配欄寬**〕命令按鈕。

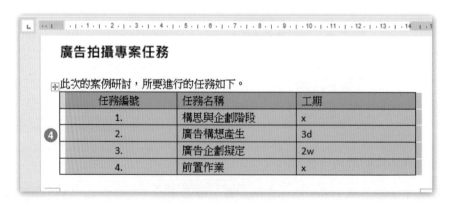

Step.4　表格裡的每一個欄位寬度都相等了。

工作 5

文件摘要的〔**狀態**〕屬性輸入「專案經理必須整合資源」。

解題：

Step.1
點按〔**檔案**〕索引標籤。

Step.2
進入後台管理頁面，點按〔**資訊**〕。

Step.3
點按〔**資訊**〕頁面右下方的〔**顯示所有摘要資訊**〕。

Step.4　點選〔**狀態**〕文字方塊。

Step.5　輸入文字「專案經理必須整合資源」後按下 Enter 按鍵。

工作 6

修改引文來源，將 年 修改為 " 2011 "。

解題：

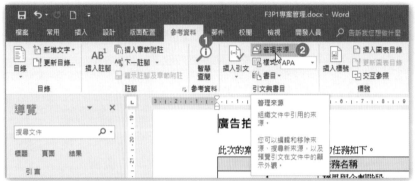

Step.1
點按〔**參考資料**〕索引標籤。

Step.2
點按〔**引文與書目**〕群組裡的〔**管理來源**〕命令按鈕。

Step.3
開啟〔**來源管理員**〕對話方塊，點選目前的清單來源項目。

Step.4
點按〔**編輯**〕按鈕。

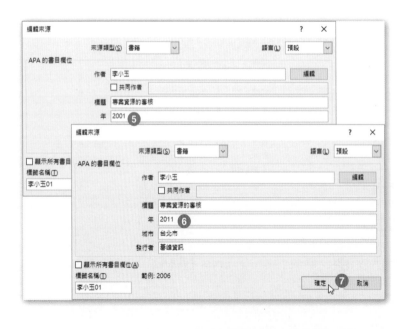

Step.5
開啟〔**編輯來源**〕對話方塊，點選〔**年**〕文字方塊。

Step.6
輸入〔**年**〕為「2011」。

Step.7
點按〔**確定**〕按鈕。

Step.8
若有顯示變更清單的對話，點按〔**是**〕按鈕。

Step.9
點按〔**關閉**〕按鈕，結束〔**來源管理員**〕對話方塊的操作。

工作 7

文件最前面兩段落的文字之間有冗餘的間距，請設定僅顯示定位點和空白這兩種格式化標記。不過，你並不需要真的移除這些多餘的定位點符號與空白。

解題：

Step.1 點按〔**檔案**〕索引標籤。

Step.2 進入後台管理頁面，點按〔**選項**〕。

Step.3 開啟〔Word 選項〕對話方塊，點選〔**顯示**〕。

Step.4 勾選〔**在螢幕上永遠顯示這些格式化標記**〕類別底下的〔**定位字元**〕核取方塊以及〔**空白**〕核取方塊。

Step.5 點按〔**確定**〕按鈕。

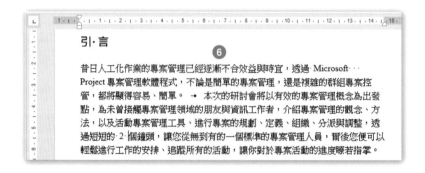

Step.6 即可看到文件裡的〔定位字元〕與〔空白〕符號。

專案 2

專案說明：

您正在利用 Word 製作一份 2017 年各商品類別各分店各季銷售統計的報表。

請開啟〔F3P2 雜貨銷售 .docx〕進行以下四項工作。

工作 1

為文件裡的表格添增替代文字，標題文字為："各季銷售統計"。

解題：

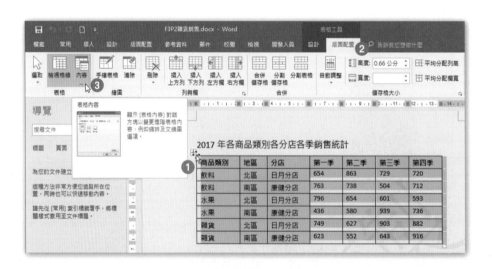

Step.1 點選整個表格。

Step.2 點按〔表格工具〕底下的〔版面配置〕索引標籤。

Step.3 點按〔表格〕群組裡的〔內容〕命令按鈕。

Step.4
開啟〔**表格內容**〕對話方塊，點
選〔**替代文字**〕索引頁籤。

Step.5
在〔**標題**〕文字方塊裡輸入文字
「各季銷售統計計」。

Step.6
點按〔**確定**〕按鈕。

工作 2

為文件裡的表格套用「格線表格 4- 輔色 4」表格樣式。

解題：

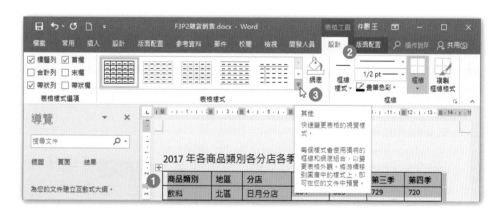

Step.1 選取表格。

Step.2 點按〔**表格工具**〕底下的〔**設計**〕索引標籤。

Step.3 點按〔**表格樣式**〕群組裡的〔**其他**〕命令按鈕。

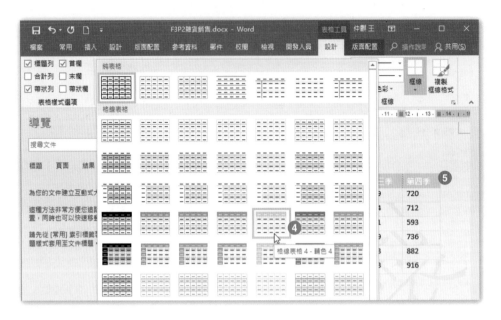

Step.4 從展開的表格樣式清單中點選「格線表格 4 – 輔色 4」表格樣式。

Step.5 完成表格樣式的套用。

工作 3

在頁首的公司名稱後面添加一個註冊符號（**Registered Sign**）。

解題：

Step.1
滑鼠左鍵點按兩下頁首區域，以進入頁首編輯畫面。

Step.2
將文字插入游標移至文字 "Store" 的右邊。

Step.3
輸入「(r」。

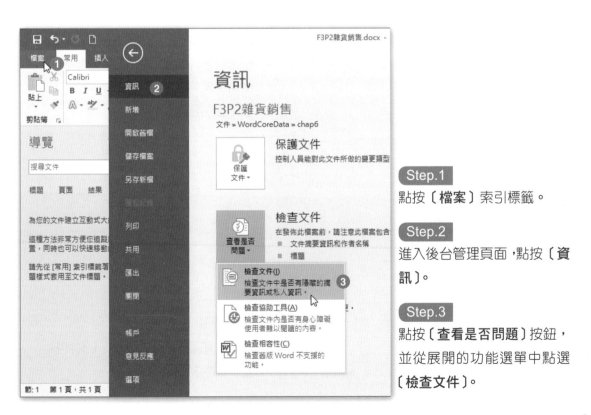

Step.4 輸入「)」後自動校正為「®」。

Step.5 點按〔**頁首及頁尾工具**〕底下的〔**設計**〕索引標籤。

Step.6 點按〔**關閉**〕群組裡的〔**關閉頁首及頁尾**〕命令按鈕。

工作 4

檢查文件並移除任何私人資訊。

解題：

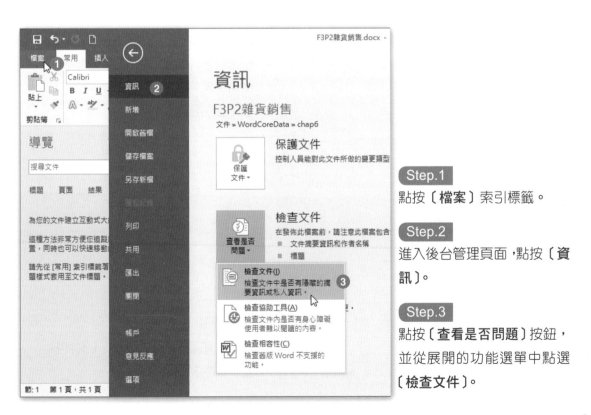

Step.1
點按〔**檔案**〕索引標籤。

Step.2
進入後台管理頁面,點按〔**資訊**〕。

Step.3
點按〔**查看是否問題**〕按鈕,並從展開的功能選單中點選〔**檢查文件**〕。

Step.4 在確認已儲存變更的對話中,點按〔是〕按鈕。

Step.5
開啟〔**文件檢查**〕對話方塊,點按〔**檢查**〕按鈕。

Step.6
檢查出文件裡包含了私人資訊,點按〔**全部移除**〕按鈕。

Step.7
點按〔**關閉**〕按鈕,結束〔**文件檢查**〕的對話操作。

專案 3

專案說明：

您是 YOTA 資訊創新公司的專案成員，正準備一份網站規劃文案，要提供給客戶了解網站建置的需求與準備。

請開啟〔F3P3 **網站規劃**.docx〕進行以下五項工作。

工作 1

使用「到」功能，直接跳到名為 " 過期資訊 " 的書籤並刪除此位置的整個段落文字。

解題：

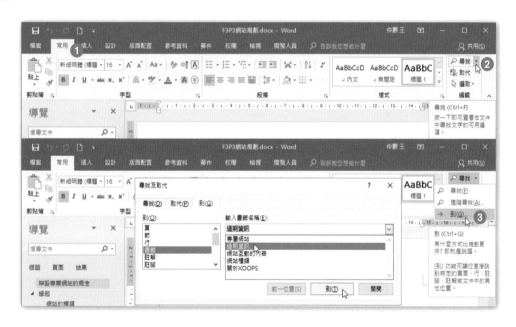

Step.1 點按〔**常用**〕索引標籤。

Step.2 點按〔**編輯**〕群組裡的〔**尋找**〕命令按鈕旁的小三角形按鈕。

Step.3 從展開的功能選單中點選〔**到**〕功能選項。

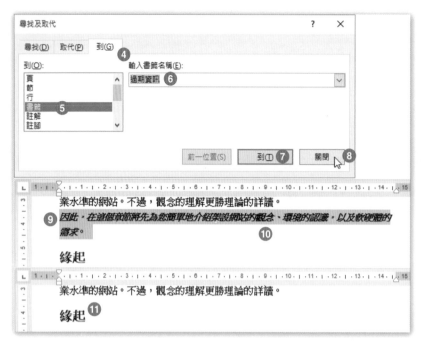

Step.4
開啟〔**尋找及取代**〕
對話方塊並自動切換
至〔**到**〕索引頁籤。

Step.5
點選〔**書籤**〕。

Step.6
選擇「過期資訊」。

Step.7
點按〔**到**〕按鈕。

Step.8
點按〔**關閉**〕按鈕。

Step.9　畫面立即切換到文件裡的書籤「過期資訊」所在處。

Step.10　選取整段文字。

Step.11　按下鍵盤上的 Delete 按鍵，將選取的文字刪除。

工作 2

將標題文字 " 專屬網站 " 底下從 " 使用網站建置套件…" 開始算起的 **4** 行文字，格式化為中文編號 [一、二、三、…] 格式的編號清單。

解題：

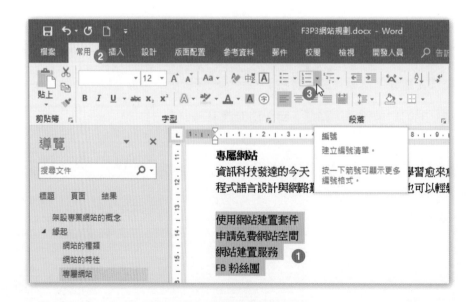

Step.1 選取這四段文字。

Step.2 點按〔**常用**〕索引標籤。

Step.3 點按〔**段落**〕群組裡項目〔**編號**〕命令按鈕旁的小三角形按鈕。

Step.4 從展開的下拉式項目編號清單中點選中文〔一、二、三、…〕的項目編號格式。

工作 3

新增「帶狀」封面頁。

解題：

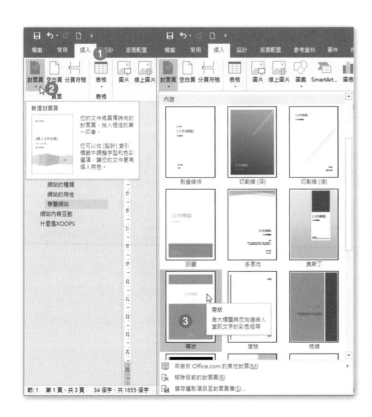

Step.1
點按〔**插入**〕索引標籤。

Step.2
點按〔**頁面**〕群組裡的〔**封面頁**〕命令按鈕。

Step.3
從展開的封面頁清單中點選〔**帶狀**〕封面頁。

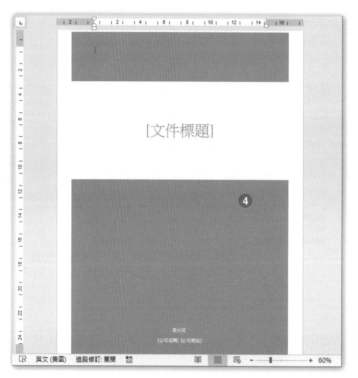

立即在首頁添增封面頁。

工作 4

在分節符號之後的頁面,紙張方向改為「橫向」。

解題:

Step.1 點按〔**常用**〕索引標籤。

Step.2 點按〔**編輯**〕群組裡的〔**尋找**〕命令按鈕旁的小三角形按鈕。

Step.3 從展開的功能選單中點選〔到〕功能選項。

Step.4 開啟〔尋找及取代〕對話方塊並自動切換至〔到〕索引頁籤。

Step.5 點選〔節〕。

Step.6 輸入「2」。

Step.7 點按〔到〕按鈕。

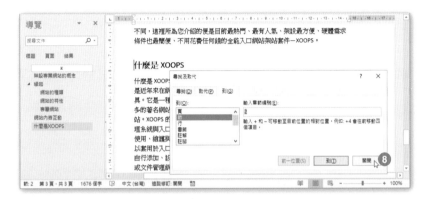

Step.8 點按〔關閉〕按鈕。

Step.9 畫面立即切換到文件裡的第 2 節起點。

Step.10 點按〔版面配置〕索引標籤。

Step.11 點按〔版面設定〕群組裡的〔方向〕命令按鈕。

Step.12 從展開的功能選單中點選〔橫向〕。

Step.13 第 2 節的內文已經變成橫向紙張的版面了。

工作 5

在標題文字 " 網站的特性 " 下方插入來自〔**文件**〕資料夾裡檔案名稱為「網站導向 .docx」的內容。

解題：

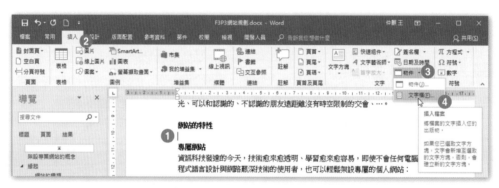

Step.1 將文字插入游標移至標題文字 " 網站的特性 " 下方。

Step.2 點按〔**插入**〕索引標籤。

Step.3 點按〔**文字**〕群組裡的〔**物件**〕命令按鈕。

Step.4 從展開的下拉式功能選單中點選〔**文字檔**〕選項。

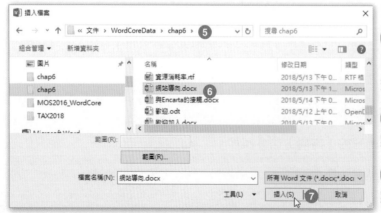

Step.5
開啟〔插入檔案〕對話方塊，選擇檔案所在路徑。

Step.6
點選「網站導向 .docx」檔案。

Step.7
點按〔**插入**〕按鈕。

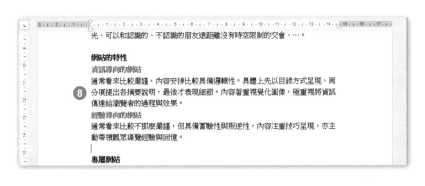

光、可以和認識的、不認識的朋友遠距離沒有時空限制的交會、…。

網站的特性

資訊導向的網站

通常看來比較嚴謹，內容安排比較具備邏輯性。具體上先以目錄方式呈現，再
分項提出各摘要說明，最後才表現細節。內容著重視覺化圖像，極重視將資訊
傳達給瀏覽者的過程與效果。

經驗導向的網站

通常看來比較不那麼嚴謹，但具備實驗性與叛逆性，內容注重技巧呈現，亦主
動帶領觀眾導覽經驗與回憶。

專屬網站

Step.8 順利匯入「網站導向 .docx」檔案的內容。

專案 4

專案說明：

您服務於奇風旅遊公司的企劃部，規劃一份旅遊簡章時發現了一些錯別字以及缺少視覺化的
設計，正積極著手解決這些問題。

請開啟〔**F3P4 旅遊簡章 .docx**〕進行以下四項工作。

工作 1

對文字 " 一生一定要去一回！" 設定為〔**淺粉藍**〕的文字醒目提示色彩。

解題：

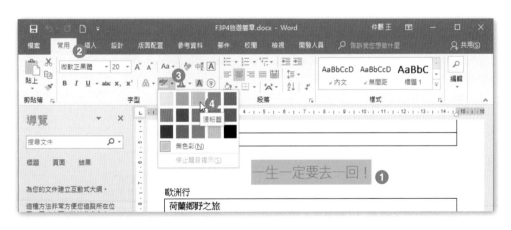

Step.1 選取文字 " 一生一定要去一回！"。

Step.2 點按〔**常用**〕索引標籤。

Step.3 點按〔**字型**〕群組〔**文字醒目提示色彩**〕命令按鈕旁的小三角形按鈕。

Step.4 從展開的文字醒目提示色彩選單中，點選〔**淺粉藍**〕選項。

工作 2

格式化位於文件頂端的文字 " 亞洲逍遙 " 為文字藝術師，並套用「漸層填滿：金色，輔色 4；
外框：金色，輔色 4」樣式，再讓 文件藝術師 在文件裡置中對齊於整份文件中。

解題：

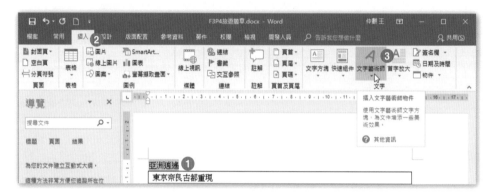

Step.1　選取標題文字 " 亞洲逍遙 "。

Step.2　點按〔**插入**〕索引標籤。

Step.3　點按〔**文字**〕群組裡的〔**文字藝術師**〕命令按鈕。

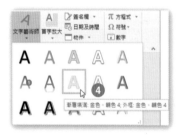

Step.4
從展開的文字藝術師樣式清單中點選〔**漸層填滿：金色，輔
色 4；外框：金色，輔色 4**〕。

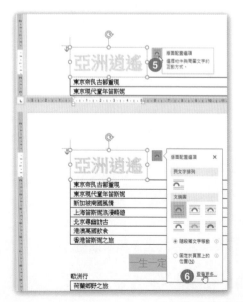

Step.5
維持選取剛完成的文字藝術師，並點按右側
的〔**版面配置選項**〕功能按鈕。

Step.6
從展開的版面配置選項中點選〔**查看更多**〕。

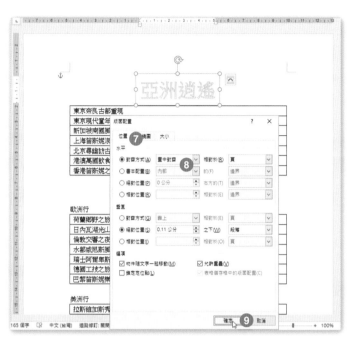

Step.7
開啟〔版面配置〕對話方塊並切換至〔位置〕索引頁籤。

Step.8
設定水平對齊方式為〔置中對齊〕；相對於〔頁〕。

Step.9
按下〔確定〕按鈕。

工作 3

使用 Word 功能將所有出現過的文字 " 笛斯妮 " 都替換成 " 迪士尼 "。

解題：

Step.1 按下鍵盤上的 Ctrl + Home 按鍵，讓文字插入游標移至文件的起點。

Step.2 點按〔常用〕索引標籤。

Step.3 點按〔編輯〕群組裡的〔取代〕命令按鈕。

Step.4 開啟〔尋找及取代〕對話方塊，切換到〔取代〕索引頁籤。

Step.5 在〔尋找目標〕文字方塊輸入「笛斯妮」。

Step.6 在〔**取代**〕文字方塊輸入「迪士尼」。

Step.7 點按〔**全部取代**〕按鈕。

Step.8
完成多項資料的取代，點按〔**確定**〕按鈕。

Step.9
點按〔**關閉**〕按鈕，結束〔**尋找及取代**〕對話方塊的操作。

工作 4

新增一個「十六角星形」圖案並在其中輸入文字 " 金字招牌 " ，再讓此圖案對齊在頁面左下角。

解題：

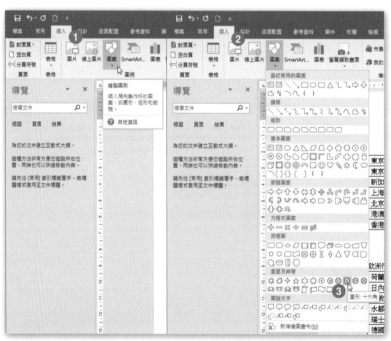

Step.1 點按〔**插入**〕索引標籤。

Step.2 點按〔**圖例**〕群組裡的〔**圖案**〕命令按鈕。

Step.3 從展開的圖案選單中點選「十六角星形」圖案。

Step.4

在頁面上滑鼠游標將呈現十字狀。

Step.5

點按或拖曳繪製「十六角星形」圖案，然後，以滑鼠右鍵點按此圖案。

Step.6

從展開的快顯功能表中點選〔**新增文字**〕功能選項。

Step.7

在圖案裡輸入文字「金字招牌」。

Step.8

維持選取剛完成的圖案，並點按右側〔**版面配置選項**〕功能按鈕。

Step.9

從展開的版面配置選項中點選〔**查看更多**〕。

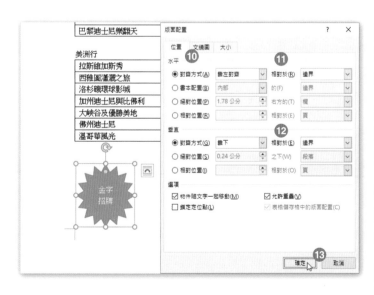

Step.10

開啟〔**版面配置**〕對話方塊並切換至〔**位置**〕索引頁籤。

Step.11

設定水平對齊方式為〔**靠左對齊**〕；相對於〔**邊界**〕。

Step.12

從設定垂直對齊方式為〔**靠下**〕；相對於〔**邊界**〕。

Step.13

按下〔**確定**〕按鈕。

專案 5

專案說明：

推廣紐約旅遊是多多旅行社賦予的最新任務，擔任專案企劃的您正在蒐集編撰一份關於大蘋果的介紹文案。

請開啟〔F3P5 紐約紐約 .docx〕進行以下列五項工作。

工作 1

在標題 " 大蘋果 " 之前立即新增一個分頁符號。

解題：

Step.1　將文字插入游標移至標題 " 大蘋果 " 之前。

Step.2　點按〔**版面配置**〕索引標籤。

Step.3　點按〔**版面設定**〕群組裡的〔**分隔符號**〕命令按鈕。

Step.4　從展開的下拉式功能選單中點選〔**分頁符號**〕裡的〔**分頁符號**〕功能選項。

Step.5
標題文字 " 大蘋果 " 立即成
為新的一頁起點。

工作 2

在每一頁面的底端新增格式為「兩條線 2」的頁碼。

解題：

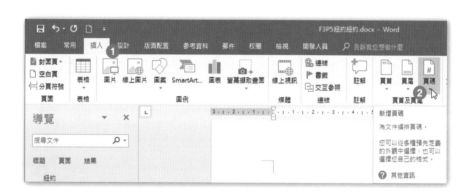

Step.1　點按〔**插入**〕索引標籤。

Step.2　點按〔**頁首及頁尾**〕群組裡的〔**頁碼**〕命令按鈕。

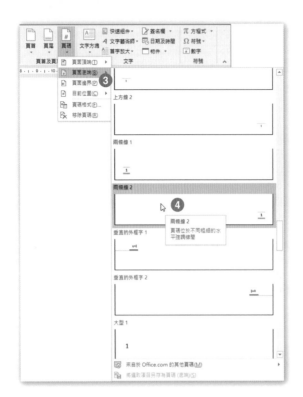

Step.3

從展開的頁碼功能選單中點選〔**頁面底端**〕功能選項。

Step.4

再從展開的副功能選單中點選「兩條線 2」。

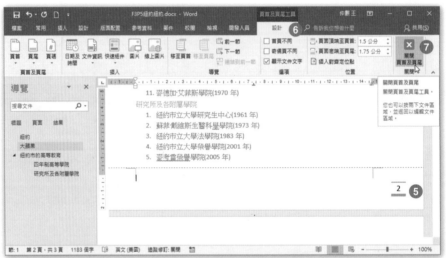

Step.5 順利在頁尾套用頁碼。

Step.6 點按〔**頁首及頁尾工具**〕底下的〔**設計**〕索引標籤。

Step.7 點按〔**關閉**〕群組裡的〔**關閉頁首及頁尾**〕命令按鈕。

工作 3

根據〔文件〕資料夾裡的「自由女神 .jpg」，將項目符號清單變更為圖片式的項目符號。

解題：

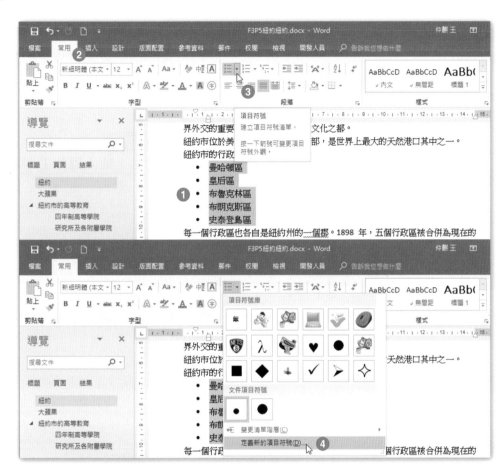

Step.1　選取項目符號清單裡的文字。

Step.2　點按〔**常用**〕索引標籤。

Step.3　點按〔**段落**〕群組裡〔**項目符號**〕命令按鈕右側的小三角形按鈕。

Step.4　從展開的下拉式功能選單中點選〔**定義新的項目符號**〕功能選項。

Step.5

開啟〔**定義新的項目符號**〕對話方塊後，點按〔**圖片**〕按鈕。

Step.6

開啟〔**插入圖片**〕對話方塊後，點按〔**瀏覽**〕選項。

Step.7

開啟〔**插入圖片**〕對話方塊後，選擇圖片檔案所在路徑。

Step.8

點選「自由女神 .jpg」圖片檔案。

Step.9

點按〔**插入**〕按鈕。

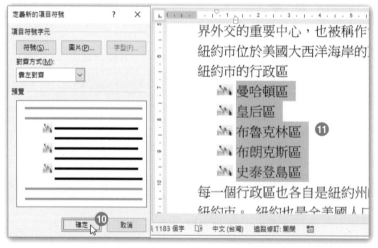

Step.10

回到〔**定義新的項目符號**〕對話方塊後，點按〔**確定**〕按鈕。

Step.11

完成圖片式項目符號清單的設定。

工作 4

新增浮水印「請勿複製 2」至所有頁面。

解題：

Step.1　點按〔**設計**〕索引標籤。

Step.2　點按〔**頁面背景**〕群組裡的〔**浮水印**〕命令按鈕。

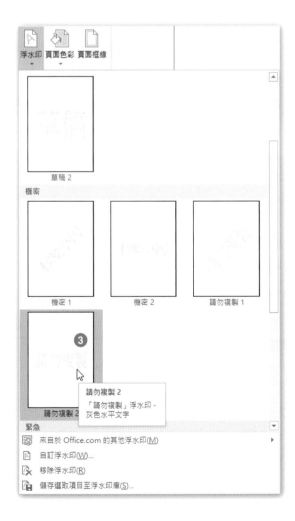

Step.3
從展開的浮水印選單中點選「請勿複製 2」。

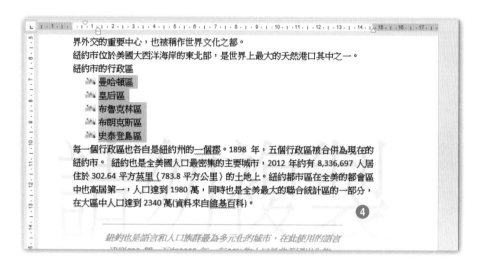

立即在文件裡套用選定的浮水印。

工作 5

將第 2 個清單編號裡開始的 " 1. 紐約市立大學研究生中心 (1961 年)"，修改其編號值從 " 12" 開始編號。

解題：

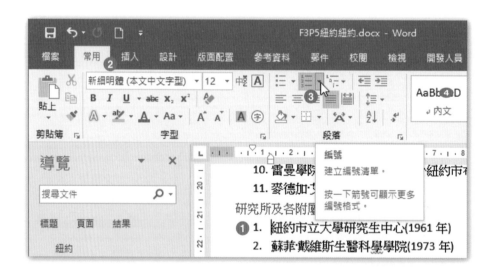

Step.1　將文字插入游標移至 "1. 紐約市立大學研究生中心 (1961 年)" 裡。

Step.2　點按〔常用〕索引標籤。

Step.3　點按〔段落〕群組裡〔編號〕命令按鈕旁的小三角形按鈕。

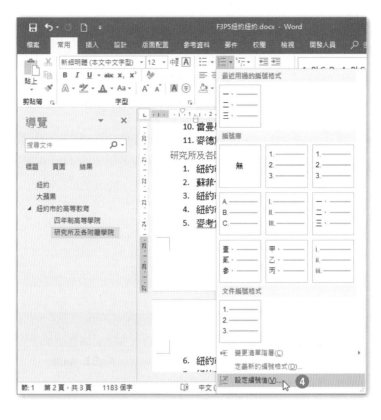

Step.4 從展開的編號清單中點選〔**設定編號值**〕功能選項。

Step.5 開啟〔**設定編號值**〕對話方塊,輸入新的編號值為「12」。

Step.6 點按〔**確定**〕按鈕。

Step.7 完成編號清單的重新編號。

專案說明：

您服務於 TOTA 運動休閒公司，正在使用 Word 草擬一份運動新聞的文件，必須調整文字內容、設定頁首等編輯作業。

請開啟〔F3P6 運動新聞 .docx〕進行以下五項工作。

工作 1

設定整份文件的行距都是 1.25 倍行高。

解題：

Step.1　按下鍵盤上的 Ctrl + A 選取整份文件。

Step.2　點按〔**常用**〕索引標籤。

Step.3　點按〔**段落**〕群組名稱旁的對話方塊啟動器。

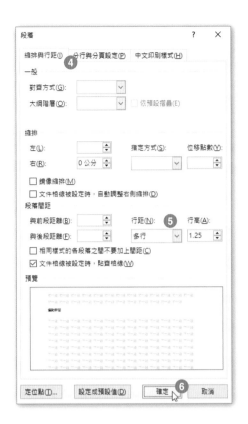

開啟〔**段落**〕對話方塊,切換到〔**縮排與行距**〕索引頁籤。

Step.5

設定「行距」為「多行」並輸入行高為「1.25」。

Step.6

點按〔**確定**〕按鈕。

工作 2

複製文字 " 全球最受歡迎的球類運動 " ,並將其貼至文字 " 備註:" 之後,貼上的文字應靠左對齊並設定為粗體。

解題:

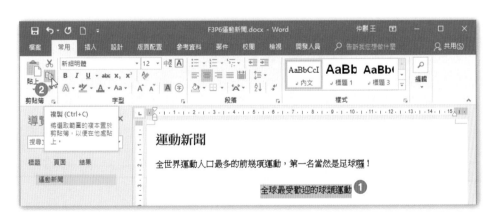

Step.1 選取文字 " 全球最受歡迎的球類運動 "。

Step.2 點選〔**常用**〕索引標籤底下〔**剪貼簿**〕群組裡的〔**複製**〕命令按鈕。

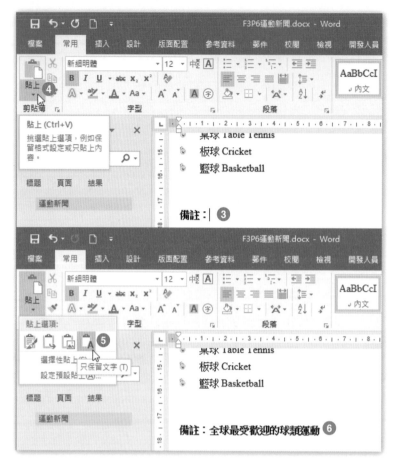

Step.3
將文字插入游標移至文字 " 備註：" 之後。

Step.4
點按〔**剪貼簿**〕群組裡〔**貼上**〕命令按鈕的下半部按鈕。

Step.5
從展開的貼上選項功能按鈕中點選〔**只保留文字**〕選項。

Step.6
完成文字的搬移。

此題目這樣也是可以的：

Step.4 將文字貼上 (搬移) 至文字 " 備註：" 的下一段落空白處。

Step.5 選取文字後點按〔**常用**〕索引標籤裡的〔B〕命令按鈕，設定為粗體字。

Step.6 完成文字的搬移。

工作 3

將位於圖片上方的文字 " 全球最受歡迎的球類運動 " 套用「鮮明引文」樣式。

解題：

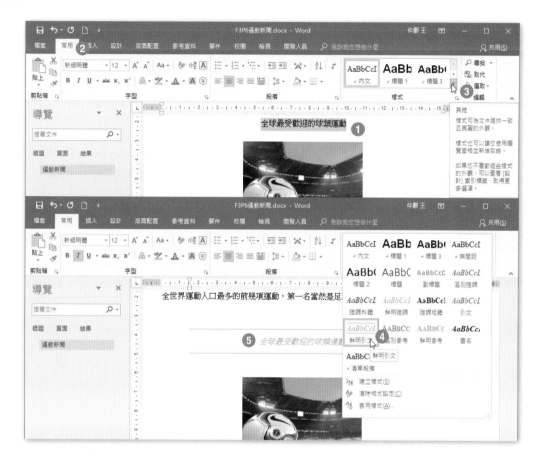

Step.1　選取圖片上方的文字 " 全球最受歡迎的球類運動 "。

Step.2　點按〔**常用**〕索引標籤。

Step.3　點按〔**樣式**〕群組裡的〔**其他**〕命令按鈕。

Step.4　從展開的樣式選單中點選「鮮明引文」樣式。

Step.5　完成選取文字的樣式套用。

工作 4

新增內建的「回顧」頁首，並在文件標題輸入 " 我愛球類運動 "。

解題：

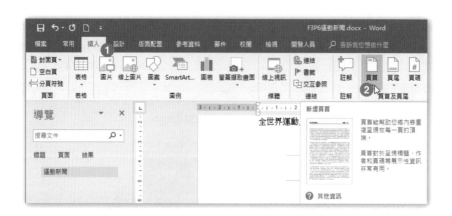

Step.1 點按〔插入〕索引標籤。

Step.2 點按〔頁首及頁尾〕群組裡的〔頁首〕命令按鈕。

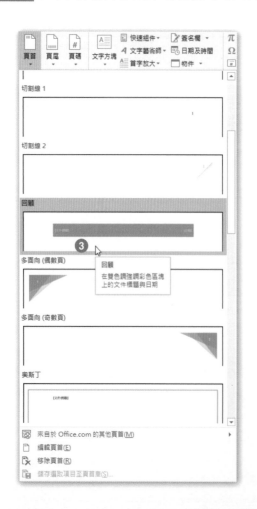

Step.3

從展開的頁首選單中點選「回顧」頁首。

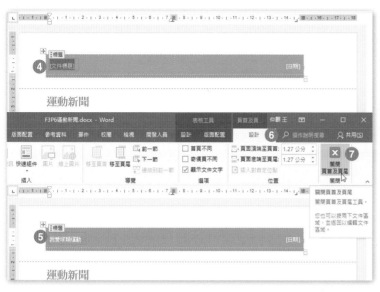

01
02
03
04
05
06

Step.4
順利建立所套用的頁首，點選預設的文件標題文字。

Step.5
輸入「我愛球類運動」。

Step.6
點按〔頁首及頁尾工具〕底下的〔設計〕索引標籤。

Step.7
點按〔關閉〕群組裡的〔關閉頁首及頁尾〕命令按鈕。

工作 5

在段落文字 " 世界上的球類運動多不勝數…可參考以下清單。" 新增一個名為「球類運動」的書籤。

解題：

Step.1 選取段落文字 " 世界上的球類運動多不勝數… 可參考以下清單。"。

Step.2 點按〔**插入**〕索引標籤。

Step.3 點按〔**連結**〕群組裡的〔**書籤**〕命令按鈕。

Step.4 開啟〔**書籤**〕對話方塊，輸入「球類運動」。

Step.5 點按〔**新增**〕按鈕。

專案 1

專案說明：

您是碁峰資訊顧問公司的專案助理，正協助專案經理整理一份節目拍攝的文案，準備提供給客戶參酌。

此專案與第三組題目的第 1 個專案完全相同，請至第三組題目專案 1，開啟〔F3P1 **專案管理** .docx〕進行相關的七項工作。

專案 2

專案說明：

在過去的一年您擔任旅遊公司的企劃經理工作，目前一直在推廣義大利旅遊，也正準備建立一份關於比薩斜塔的種種活動與旅遊資訊。

請開啟〔**F4P2 比薩斜塔** .docx〕進行以下五項工作。

工作 1

移除比薩斜塔圖片的背景，注意，不要裁剪到比薩斜塔。

解題：

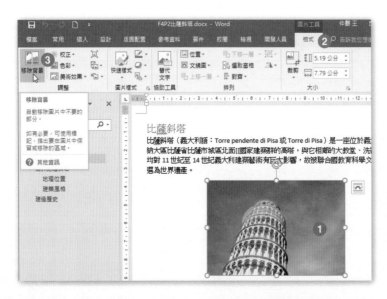

Step.1
點選比薩斜塔圖片。

Step.2
點按〔**圖片工具**〕底下的〔**格式**〕索引標籤。

Step.3
點按〔**調整**〕群組裡的〔**移除背景**〕命令按鈕。

Step.4
立即進入移除背景編輯狀態，桃紅色是要移除的部分。

Step.5
利用滑鼠拖曳邊框控點來調整要保留(不移除背景)的部份。

Step.6
點按〔**移除背景**〕索引標籤。

Step.7
點按〔**關閉**〕群組裡的〔**保留變更**〕命令按鈕。

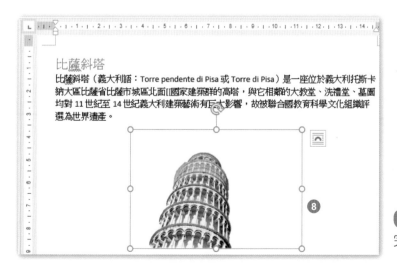

Step.8
完成圖片背景的移除。

工作 2

對最後一個段落裡的文字 " opapisa.it " 設定可以連結至網站位址 " http://www.opapisa.it" 的
超連結。

解題：

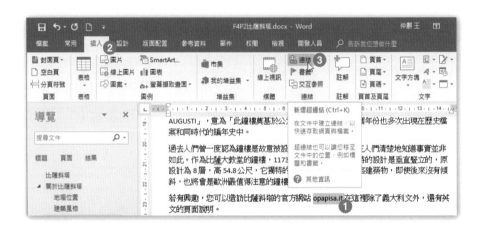

Step.1 選取文字 " opapisa.it "。

Step.2 點按〔**插入**〕索引標籤。

Step.3 點按〔**連結**〕群組裡的〔**連結**〕命令按鈕。

Step.4

開啟〔**插入超連結**〕對話方
塊，輸入網址為「http://www.
opapisa.it」。

Step.5

點按〔**確定**〕按鈕。

Step.6

完成指定文字的超連結設定。

工作 3

在比薩斜塔圖片底下新增「移動引述」文字方塊，並輸入文字 " 世界奇景 "，然後，再將其對齊頁面底部置中。

解題：

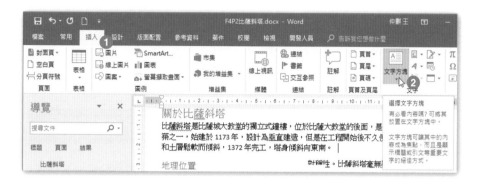

Step.1 點按〔**插入**〕索引標籤。

Step.2 點按〔**文字**〕群組裡的〔**文字方塊**〕命令按鈕。

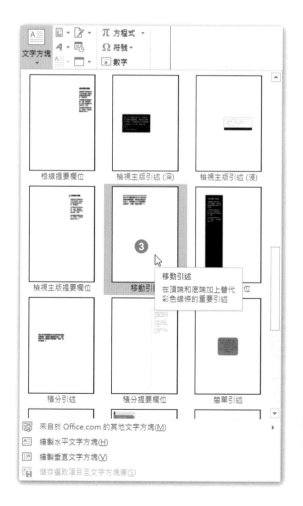

Step.3

從從展開的下拉式功能選單中點選「移動引述」文字方塊。

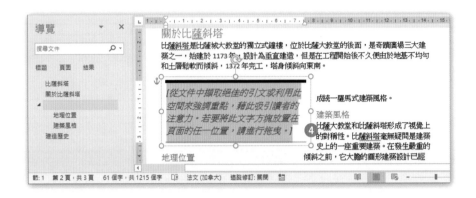

Step.4 頁面上立即產生「移動引述」文字方塊，刪除裡面的預設文字。

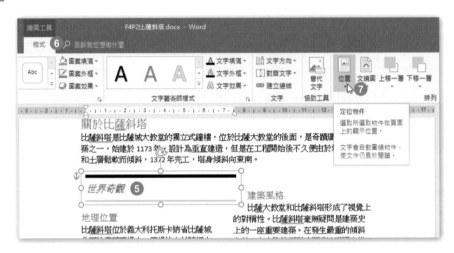

Step.5 輸入文字「世界奇觀」。

Step.6 持續維持選取文字方塊後，點按〔**繪圖工具**〕底下的〔**格式**〕索引標籤。

Step.7 點按〔**排列**〕群組裡的〔**位置**〕命令按鈕。

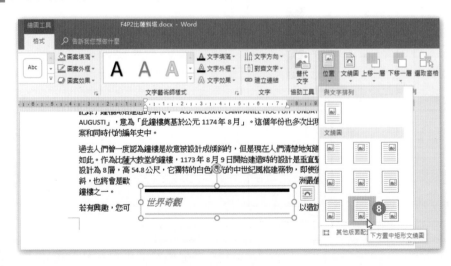

Step.8 從展開的下拉式功能選單中點選〔**下方置中矩形文繞圖**〕選項。

工作 4

對文件套用「有機」佈景主題。

解題：

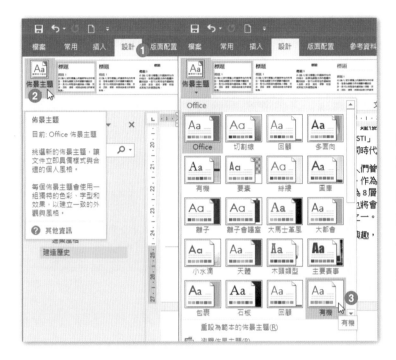

Step.1
點按〔設計〕索引標籤。

Step.1
點按〔設計〕索引標籤。

Step.2
點按〔文件格式設定〕群組
裡的〔佈景主題〕命令按鈕。

Step.3
從展開的佈景主題選單中點
選「有機」佈景主題。

工作 5

在兩欄版面設定的文字 " 建築風格 " 之前立即插入一個分欄符號。

解題：

Step.1 將文字插入游標移至兩欄版面的文字 " 建築風格 " 之前。

Step.2 點按〔**版面配置**〕索引標籤。

Step.3 點按〔**版面設定**〕群組裡的〔**分隔符號**〕命令按鈕。

Step.4 從展開的下拉式功能選單中點選〔**分頁符號**〕裡的〔**分欄符號**〕功能選項。

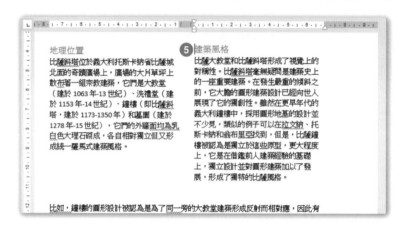

Step.5 文字 " 建築風格 " 已經成為多欄版面之新的一欄的起點。

專案 3

專案說明：

快樂旅行公司委託您編排旅遊文宣，您正在使用 Word 轉換指定的內文為表格格式、匯入其他文案內容，以及添加文字藝術師效果。

請開啟〔**F4P3 快樂旅遊去**.docx〕進行以下四項工作。

工作 1

從文字 " 讀萬卷書不如行萬里路…" 開始到 "…胡佛水壩與優勝美地。" 為止的四個段落轉換為表格,且表格的儲存格要自動調整成符合內容大小。

解題:

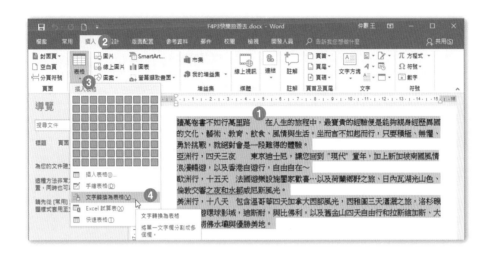

Step.1 選取從 " 讀萬卷書不如行萬里路…" 開始到 "…胡佛水壩與優勝美地。" 為止的四個段落文字。

Step.2 點按〔**插入**〕索引標籤。

Step.3 點按〔**表格**〕群組裡的〔**表格**〕命令按鈕。

Step.4 從展開的功能選單中,點選〔**文字轉換為表格**〕功能選項。

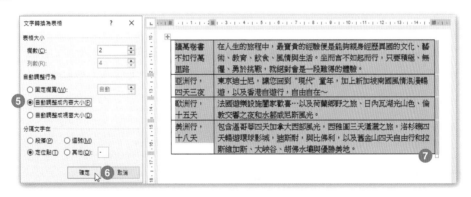

Step.5 開啟〔**文字轉換為表格**〕對話方塊,點選〔**自動調整成內容大小**〕選項。

Step.6 點按〔**確定**〕按鈕。

Step.7 完成文字轉換為表格。

工作 2

在文件的最後面，新增來自「文件」資料夾裡的檔案「最佳的選擇.docx」的內容。

解題：

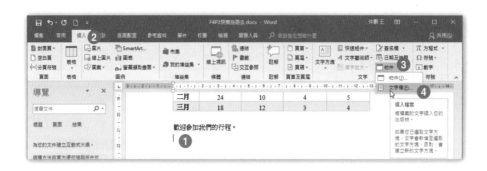

Step.1 將文字插入游標移至文件最尾端。

Step.2 點按〔插入〕索引標籤。

Step.3 點按〔文字〕群組裡的〔物件〕命令按鈕。

Step.4 從展開的下拉式功能選單中點選〔文字檔〕選項。

Step.5
開啟〔插入檔案〕對話方塊，選擇檔案所在路徑。

Step.6
點選「最佳的選擇.docx」檔案。

Step.7
點按〔插入〕按鈕。

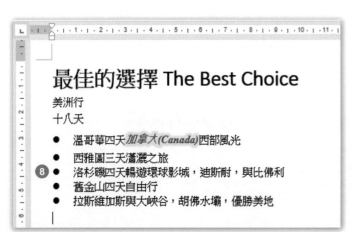

Step.8
順利匯入「最佳的選擇.docx」檔案的內容。

工作 3

格式化位於文件頂端的文字 " 快快樂樂旅遊去…" 為文字藝術師，並套用「漸層填滿：藍色，輔色 5；反射」樣式，再讓文字藝術師置中對齊於整份文件中。

解題：

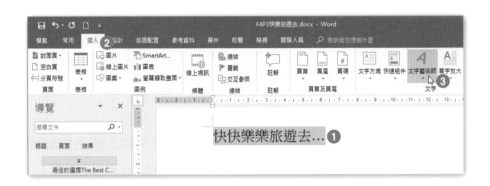

Step.1 選取文件頂端的文字 " 快快樂樂旅遊去…"。

Step.2 點按〔**插入**〕索引標籤。

Step.3 點按〔**文字**〕群組裡的〔**文字藝術師**〕命令按鈕。

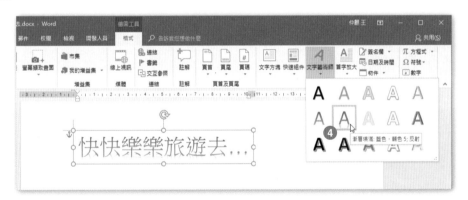

Step.4 從展開的文字藝術師樣式清單中點選〔**漸層填滿：藍色，輔色 5；反射**〕。

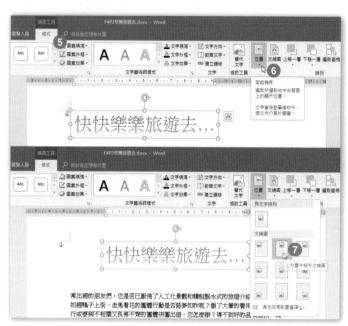

Step.5
維持選取剛完成的文字藝術師,並點按〔**繪圖工具**〕底下的〔**格式**〕索引標籤。

Step.6
點按〔**排列**〕群組裡的〔**位置**〕命令按鈕。

Step.7
從展開的下拉式功能選單中點選〔**上方置中矩形文繞圖**〕;選項。

工作 4

檢查文件並移除所尋獲的個人私密資訊。

解題:

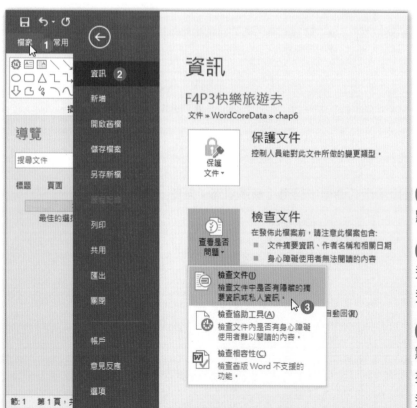

Step.1
點按〔**檔案**〕索引標籤。

Step.2
進入後台管理頁面,點選〔**資訊**〕選項。

Step.3
點按〔**查看是否問題**〕按鈕,並從展開的功能選單中點選〔**檢查文件**〕。

Step.4 在確認已儲存變更的對話中，點按〔**是**〕按鈕。

Step.5
開啟〔**文件檢查**〕對話方塊，點按〔**檢查**〕按鈕。

Step.6
檢查出文件裡包含了私人資訊，點按〔**全部移除**〕按鈕。

Step.7

點按〔**關閉**〕按鈕，結束〔**文件檢查**〕的對話操作。

專案 4

專案說明：

您正在使用 Word 編輯一頁感謝文案，透過頁面邊框的調整以及圖片效果的設定，來增加這份文件的可看性。

請開啟〔**F4P4 感謝** .docx〕進行以下五項工作。

工作 1

套用 6 pt「陰影」並設定框線色彩為「橙色,輔色 5,較淺 40%」的頁面框線。

解題:

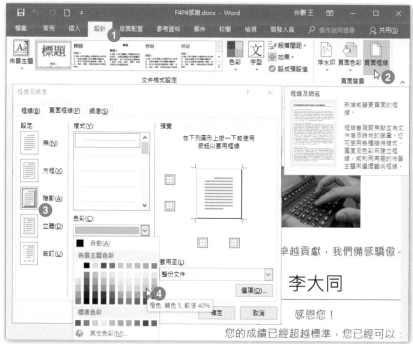

Step.1
點按〔**設計**〕索引標籤。

Step.2
點按〔**頁面背景**〕群組裡的〔**頁面框線**〕命令按鈕。

Step.3
開啟〔**框線及網底**〕對話方塊,並自動切換至〔**頁面框線**〕索引頁籤對話,點選〔**陰影**〕。

Step.4 點選框線色彩為「橙色,輔色 5,較淺 40%」。

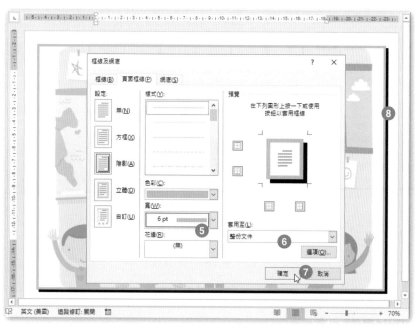

Step.5
點選框線的寬度為6pt。

Step.6
點選套用至「整份文件」。

Step.7
點按〔**確定**〕按鈕。

Step.8
完成頁面邊框的設計與套用。

工作 2

對於手按鍵盤圖片套用「複合框架，黑色」圖片樣式。

解題：

Step.1 點選文件裡的手按鍵盤圖片。

Step.2 點按〔圖片工具〕底下的〔格式〕索引標籤。

Step.3 點按〔圖片樣式〕群組裡的〔其他〕命令按鈕。

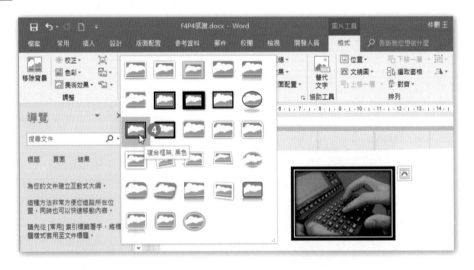

Step.4 從展開的圖片樣式清單中點選「複合框架，黑色」圖片樣式。

工作 3

針對文字 " 感恩您！" 套用「內部：向下」的陰影效果。

解題：

Step.1 點選文字 " 感恩您！"。

Step.2 點按〔**常用**〕索引標籤。

Step.3 點按〔**文字**〕群組裡的〔**文字效果與印刷樣式**〕命令按鈕。

Step.4

從展開的文字效果清單中點選〔**陰影**〕選項。

Step.5

再從副選單中點選內陰影裡的「內部：向下」陰影效果。

工作 4

將所有的文字 " 老師 " 替換成 " 講座。

解題：

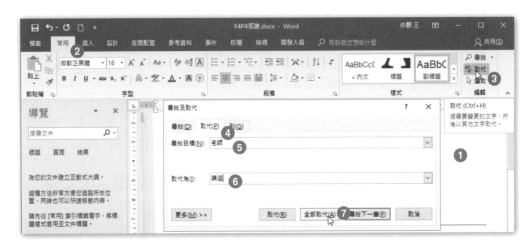

Step.1　文字插入游標移至文件裡的任意處。

Step.2　點按〔**常用**〕索引標籤。

Step.3　點按〔**編輯**〕群組裡的〔**取代**〕命令按鈕。

Step.4　開啟〔**尋找及取代**〕對話方塊，切換到〔**取代**〕索引頁籤。

Step.5　在〔**尋找目標**〕文字方塊輸入「老師」。

Step.6　在〔**取代為**〕文字方塊輸入「講座」。

Step.7　點按〔**全部取代**〕按鈕。

Step.8　完成多項資料的取代，點按〔**確定**〕按鈕。

Step.9　點按〔**關閉**〕按鈕，結束〔**尋找及取代**〕對話方塊的操作。

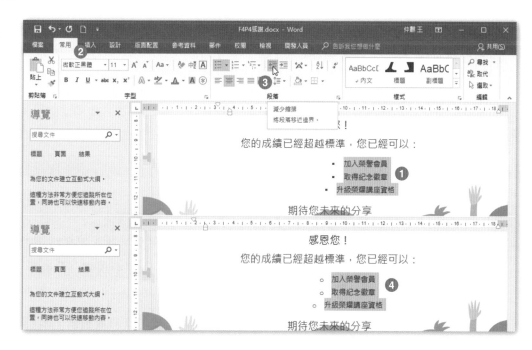

工作 5

將項目符號清單的清單階層減少一個層級的縮排。

解題：

Step.1　選取項目符號清單裡的三段文字。

Step.2　點按〔**常用**〕索引標籤。

Step.3　點按〔**段落**〕群組裡的〔**減少縮排**〕命令按鈕。

Step.4　完成段落清單的縮排設定。

W

專案 5

專案說明：

出版社要企劃知名作者的小品集，身為文案企劃的您正在嘗試編排相關的各篇小品文章，並建立目錄與多欄排版的效果。

請開啟〔F4P5 小品集 .docx〕進行以下五項工作。

工作 1

在首頁的文字 " 作品集 " 下方新增內建的「自動目錄 2」目錄。

解題：

Step.1
將文字插入游標移至首頁的文字 " 作品集 " 下方。

Step.2
點按〔**參考資料**〕索引標籤。

Step.3
點按〔**目錄**〕群組裡的〔**目錄**〕命令按鈕。

Step.4 從展開的目錄選單中點選「自動目錄 2」目錄。

Step.5 完成目錄的建立。

工作 2

在第 4 頁文字 " 花精靈 " 後面立即插入一個商標符號 (Trade Mark Sign)。

解題：

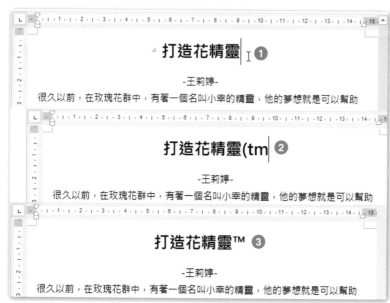

Step.1
將文字插入游標移至文字
" 花精靈 " 的右邊。

Step.2
輸入「(tm」。

Step.3
輸入「)」後自動校正為
「™」。

工作 3

選取第 1 頁頂端的 SmartArt 圖形，套用「寬鬆內凹」的浮凸圖案效果。

解題：

Step.1 點選第 1 頁頂端的 SmartArt 圖形。

Step.2 點按〔SmartArt 工具〕底下的〔**格式**〕索引標籤。

Step.3 點按〔**圖案樣式**〕群組裡的〔**圖案效果**〕命令按鈕。

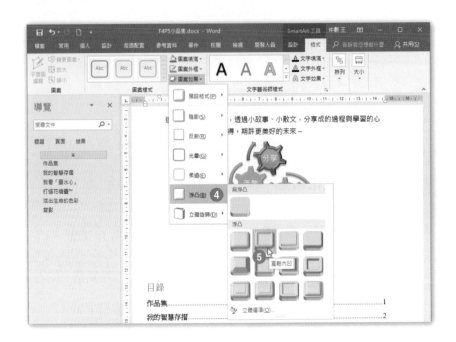

Step.4 從展開的圖案效果選單中點選〔**浮凸**〕選項。

Step.5 再從副選單中點選浮凸裡的「寬鬆內凹」浮凸效果。

工作 4

對於接近第 4 頁底部的項目符號清單，修改其預設的項目符號，改以〔文件〕資料夾裡的「家 .jpg」圖片檔案，做為其圖片式的項目符號。

解題：

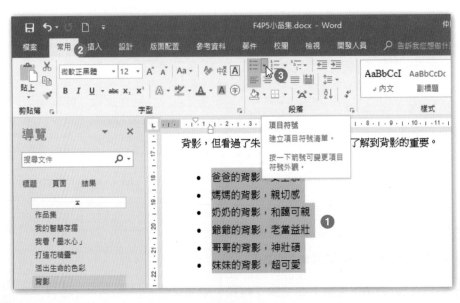

Step.1 選取接近第 4 頁底部的項目符號清單文字。

Step.2 點按〔**常用**〕索引標籤,

Step.3 點按〔**段落**〕群組裡〔**項目符號**〕命令按鈕右側的小三角形按鈕。

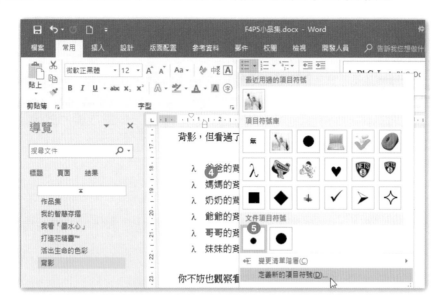

Step.4 從展開的下拉式功能選單中點選〔**定義新的項目符號**〕功能選項。

Step.5
開啟〔**定義新的項目符號**〕對話方塊後,點按〔**圖片**〕按鈕。

Step.6
開啟〔**插入圖片**〕對話方塊後,點按〔**瀏覽**〕選項。

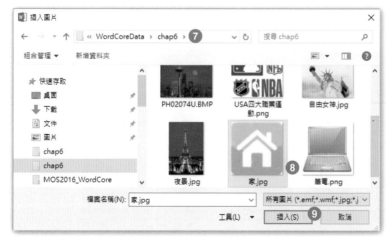

Step.7
開啟〔**插入圖片**〕對話方塊後,選擇圖片檔案所在路徑。

Step.8
點選「**家 .jpg**」圖片檔案。

Step.9
點按〔**插入**〕按鈕。

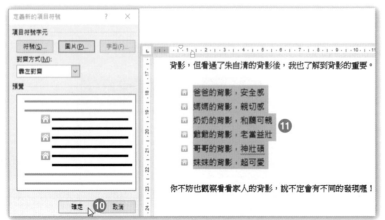

Step.10
回到〔定義新的項目符號〕
對話方塊後，點按〔確定〕
按鈕。

Step.11
完成圖片式項目符號清單的
設定。

工作 5

將第 3 頁裡的文字，從 " 為了將妻子從書中的世界…" 開始，到 "…，回去與妻子團聚。"
為止，格式化為 3 欄。

解題：

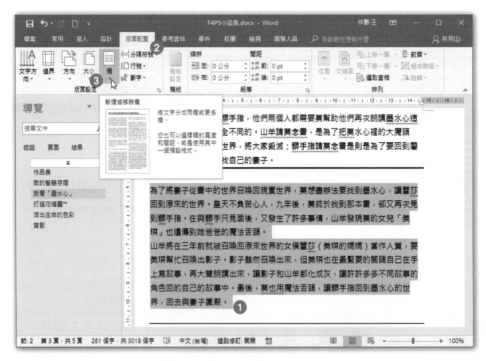

Step.1 選取第 3 頁裡的文字，從 " 為了將妻子從書中的世界…" 開始，到 "…，回去與妻子團聚。"。

Step.2 點按〔版面配置〕索引標籤。

Step.3 點按〔版面設定〕群組裡的〔欄〕命令按鈕。

Step.4 從展開的下拉式功能選單中點選〔三〕欄。

Step.5 完成三欄的版面設定。

專案6

專案說明:

您正在運用 Word 的文件編輯功能以及影像處理的能力,編修一份海報文件。

請開啟〔**F4P6 活動海報** .docx〕進行以下四項工作。

工作 1

對頁面頂端的照片套用「光暈邊緣」美術效果。

解題:

Step.1
點選頁面頂端的圖片檔案。

Step.2
點按〔**圖片工具**〕底下的〔**格式**〕索引標籤。

Step.3
點按〔**調整**〕群組裡的〔**美術效果**〕命令按鈕。

Step.4 從展開的各種美術效果中點選「光暈邊緣」。

Step.5 順利為圖片套用「光暈邊緣」美術效果。

工作 2

設定整份文件的行距都是 1.2 倍行高。

解題：

Step.1　按下鍵盤上的 Ctrl + A 選取整份文件。

Step.2　點按〔**常用**〕索引標籤。

Step.3　點按〔**段落**〕群組名稱旁的對話方塊啟動器。

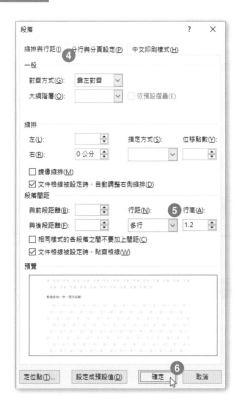

Step.4

開啟〔**段落**〕對話方塊，切換到〔**縮排與行距**〕索引頁籤。

Step.5

設定「行距」為「多行」並輸入行高為「1.2」。

Step.6

點按〔**確定**〕按鈕。

工作 3

複製文字 "Gotop 贊助的活動包含了長榮火鍋大餐喔！" 然後僅將沒有格式化的文字貼到圖片下方的段落文字尾端。

解題：

Step.1
選取文字 "Gotop 贊助的活動包含了長榮火鍋大餐喔！"。

Step.2
點選〔**常用**〕索引標籤底下〔**剪貼簿**〕群組裡的〔**複製**〕命令按鈕。

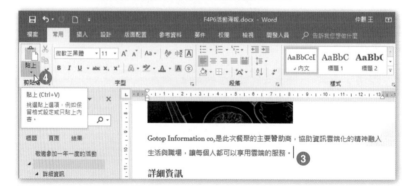

Step.3 將文字插入游標移至圖片下方的段落文字之尾端。

Step.4 點按〔**剪貼簿**〕群組裡〔**貼上**〕命令按鈕的下半部按鈕。

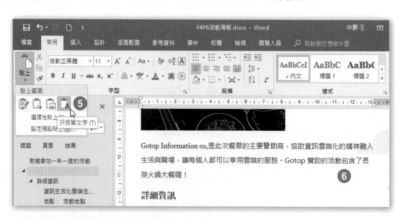

Step.5 從展開的貼上選項功能按鈕中點選〔**只保留文字**〕選項。

Step.6 完成文字的搬移。

工作 4

在最後一頁的正下方插入一個「雲朵形」圖案。

解題：

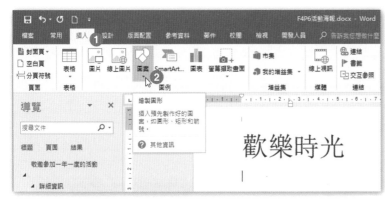

Step.1
點按〔**插入**〕索引標籤。

Step.2
點按〔**圖例**〕群組裡的〔**圖案**〕命令按鈕。

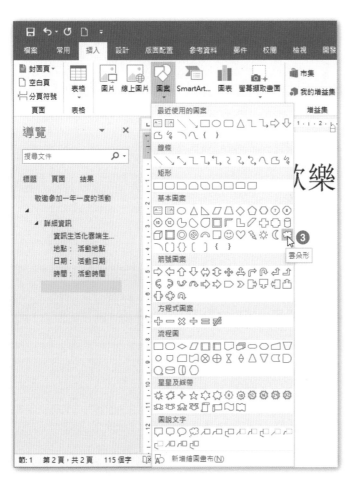

Step.3
從展開的圖案選單中點選「雲朵形」圖案。

Step.4 在頁面上點按或拖曳繪製「雲朵形」圖案。

Step.5 點按〔繪圖工具〕底下的〔格式〕索引標籤。

Step.6 點按〔排列〕群組裡的〔位置〕命令按鈕。

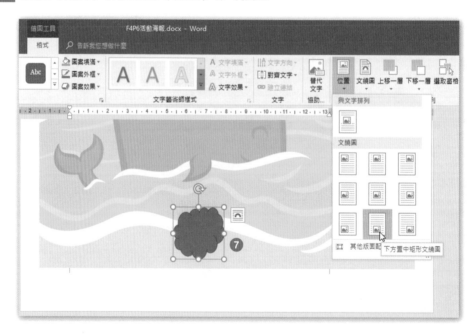

Step.7 再從展開的功能選單中點選〔下方置中矩形文繞圖〕功能選項。

專案 7

專案說明：

您是碁峰出版社的編輯企劃，正在匯入其他外來內文，套用適當的樣式集，編輯百科全書的企劃文案。

請開啟〔F4P7 驚奇百科全書 .docx〕進行以下五項工作。

工作 1

在第 2 頁裡，文字 " 視覺化瀏覽器 (Visual Browser) 提供了文字…的資訊內容。" 與 " 每個事件都可以找到其相關的媒體檔…" 之間，新增來自「文件」資料夾裡檔案名稱為「與 Encarta 的接觸 .docx」的內容。

解題：

Step.1　將文字插入游標移至第 2 頁文字 " 視覺化瀏覽器 (Visual Browser) 提供了文字…的資訊內容。" 的下方。

Step.2　點按〔插入〕索引標籤。

Step.3　點按〔文字〕群組裡的〔物件〕命令按鈕。

Step.4　從展開的下拉式功能選單中點選〔文字檔〕選項。

Step.5　開啟〔插入檔案〕對話方塊，選擇檔案所在路徑。

Step.6 點選「與 Encarta 的接觸 .docx」檔案。

Step.7 點按〔**插入**〕按鈕。

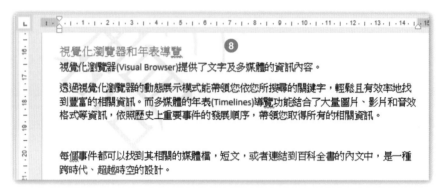

Step.8 順利匯入「與 Encarta 的接觸 .docx」檔案的內容。

工作 2

在接近文件尾端，找到套用了「鮮明參考」樣式的文字 " 能夠看出各個項目之間關係的直線圖…" ，在此段落的開始處，新增一個名為「圖表創作」的書籤。

解題：

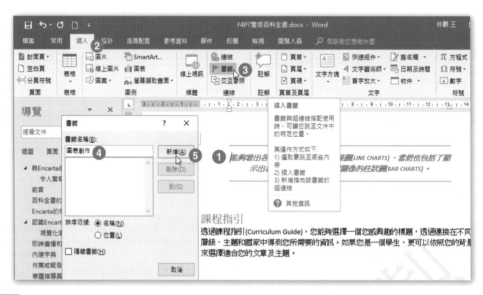

Step.1 將文字插入游標移到套用了「鮮明參考」樣式的文字之起點。

Step.2 點按〔**插入**〕索引標籤。

Step.3 點按〔**連結**〕群組裡的〔**書籤**〕命令按鈕。

Step.4 開啟〔**書籤**〕對話方塊，輸入「圖表創作」。

Step.5 點按〔**新增**〕按鈕。

工作 3

對文件套用「基本 (時尚)」樣式集的文件格式。

解題：

Step.1 　點按〔**設計**〕索引標籤。

Step.2 　點按〔**文件格式設定**〕群組裡的〔**基本 (時尚)**〕命令按鈕。

Step.3 　完成整份文件〔**基本 (時尚)**〕樣式集的套用。

工作 4

將第 2 頁裡的文字，從 " 輕量便捷，擺脫以往百科全書…" 到 " …，增進學習者間之互動與情誼。" 設定為項目符號清單。

解題：

Step.1	選取第 2 頁裡的文字，從 " 輕量便捷，擺脫以往百科全書…" 到 " …，增進學習者間之互動與情誼。"。

Step.2	點按〔**常用**〕索引標籤。

Step.3	點按〔**段落**〕群組裡的〔**項目符號**〕命令按鈕。

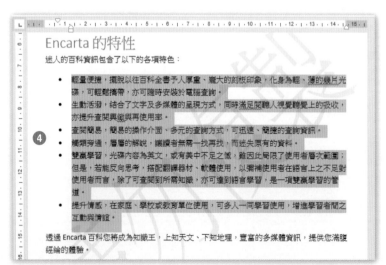

Step.4
完成選取文字套用項目符號的操作。

工作 5

對於第 3 頁的頁面上，針對文字 " 您我的生活科技百科全書 " ，設定為「淺粉藍」的文字醒目提示色彩。

解題：

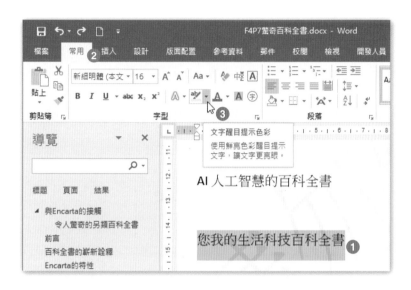

Step.1 選取第 3 頁裡的文字 " 您我的生活科技百科全書 " 文字。

Step.2 點按〔**常用**〕索引標籤。

Step.3 點按〔**字型**〕群組〔**文字醒目提示色彩**〕命令按鈕旁的小三角形按鈕。

Step.4 從展開的文字醒目提示色彩選單中，點選〔**淺粉藍**〕選項。

Microsoft MOS Word 2016 Core 原廠國際認證應考指南(Exam 77-725)

作　　者：王仲麒
企劃編輯：郭季柔
文字編輯：王雅雯
設計裝幀：張寶莉
發 行 人：廖文良

發 行 所：碁峰資訊股份有限公司
地　　址：台北市南港區三重路 66 號 7 樓之 6
電　　話：(02)2788-2408
傳　　真：(02)8192-4433
網　　站：www.gotop.com.tw
書　　號：AER048500
版　　次：2018 年 09 月初版
　　　　　2023 年 11 月初版六刷
建議售價：NT$450

國家圖書館出版品預行編目資料

Microsoft MOS Word 2016 Core 原廠國際認證應考指南(Exam 77-
725) / 王仲麒著. -- 初版. -- 臺北市：碁峰資訊, 2018.09
　　面；　　公分
　　ISBN 978-986-476-871-4(平裝)
　　1.WORD 2016(電腦程式)　2.考試指南
312.49W53　　　　　　　　　　　　　　　　107011912